从零开始学 Python

高 博 马剑华 陈韵如 张 刚 著

電子工業出版社
Publishing House of Electronics Industry
北京·BEIJING

内容简介

本书主要介绍了Python语言的基础知识，包括准备开发环境，基本概念，数据类型与运算符，字符串，列表、元组、集合与字典，流程控制，函数，面向对象编程，输入输出与文件操作，模块等章节。全书还提供了时下流行的2048和贪吃蛇两个小游戏的完整编程案例，便于读者从零基础开始掌握Python语言编程。本书适合有一定计算机操作基础、希望快速上手使用 Python 语言编程的用户，也适用于对Python语言有一定了解的用户查漏补缺。

图书在版编目（CIP）数据

从零开始学Python / 高博等著．—北京：电子工业出版社，2020.5
ISBN 978-7-121-38850-7

Ⅰ. ①从… Ⅱ. ①高… Ⅲ. ①软件工具－程序设计 Ⅳ. ①TP311.561

中国版本图书馆CIP数据核字（2020）第048218号

责任编辑：祁玉芹
文字编辑：罗克强
印　　刷：中国电影出版社印刷厂
装　　订：中国电影出版社印刷厂
出版发行：电子工业出版社
　　　　　北京市海淀区万寿路173信箱　邮编：100036
开　　本：787×1092　1/16　印张：10　字数：243千字
版　　次：2020年5月第1版
印　　次：2020年5月第1次印刷
定　　价：38.00元

凡所购买电子工业出版社图书有缺损问题，请向购买书店调换。若书店售缺，请与本社发行部联系，联系及邮购电话：（010）88254888，88258888。
质量投诉请发邮件至zlts@phei.com.cn，盗版侵权举报请发邮件至dbqq@phei.com.cn。
本书咨询联系方式：qiyuqin@phei.com.cn。

前言 Preface

Python 是一门优秀的编程语言，自诞生之日起便受到众多专业人士和编程爱好者的喜爱。经过多年发展，Python 目前正在系统编程、图形图像处理、数学处理、数据库编程、网络编程、Web 应用、云计算、人工智能和多媒体等领域大放光彩。究其原因，一是因为 Python 语言本身简洁优美、易学易用；二是因为 Python 在数据采集与处理和数据分析与可视化方面都有独特的优势。为了能够让有意学习 Python 的朋友们快速上手，本书以实用为主要目的介绍了 Python 3 的基础知识，几乎每段代码都有相应执行结果的截图，让读者有更直观的感受，希望能借此助力 Python 的学习者打牢基础。

本书第 1 章主要介绍了 Python 语言的概况和发展历史，以及 Python 语言的主要特点、特性和应用领域；第 2 章以图文方式逐步详细讲解了在 Windows 环境下安装 Python 语言运行环境和开发工具的全过程，让学习者为后续内容的学习准备好 Python 环境；第 3 章主要介绍了 Python 中的一些基本概念，包括标识符与保留字、赋值与注释的方法，以及行和缩进的特点等；第 4 章介绍了 Python 语言的数值与布尔两种数据类型和 7 类运算符的用法，特别提醒读者需要注意运算符的优先级顺序；第 5 章集中介绍了目前常用的 4 种字符集以及 Python 中字符串和正则表达式的用法；第 6 章将列表、元组、集合和字典 4 种集合类型的数据类型合并讲解，重点介绍了它们相近（相似）和不同的用法；第 7 章介绍了 Python 语言中条件判断和循环两种流程控制的方式，本章还介绍了异常处理的相关概念；第 8 章讲解了 Python 函数和变量作用域的概念，还介绍了函数的高级用法——迭代器、生成器和装饰器；第 9 章在介绍了面向对象和面向过程这两种编程思维方式的基础上，讲解了 Python 中类和对象的概念以及 Python 中面向对象编程的方法，还介绍了 Python 中类和对象的魔术方法的用法；第 10 章主要介绍了 Python 中输入输出的主要方法以及读取和写入文件的方式；第 11 章讲解了 Python 中极具特色的模块和库的用法，并选取有代表性的内置模块和标准库以及第三方模块和包进行了介绍；第 12 章将本书前述章节介绍的内容进行了串联，以 2048 和贪吃蛇两个小游戏作为完整案例，手把手教会读者编写完整的 Python 程序。

本书适合有一定计算机操作基础的用户快速学习和上手 Python 语言编程，也适用于对 Python 语言有一定了解的用户查漏补缺。

学习本书时需要准备好 Python 3.7.2 版（这是作者编写本书时的最新版本）的运行环境，本书作者使用的操作系统是 Windows 7，经测试，本书中的源代码也可以在 Windows 10 系统上良好运行。

世上没有完美之物，限于作者水平，本书难免会存在一些错误，有些表述也可能不是很准确，欢迎读者指出本书的不当之处或提出建设性意见，发送电子邮件到 gregry@outlook.com 与作者联系。

目录 Contents

1 Python 入门

Python 是一种面向对象的、交互式的、解释型编程语言。Python 支持面向对象的程序设计，源程序不需要编译即可在 Python 运行环境中互动式地运行。本章主要介绍 Python 的发展历史、语言特点和应用领域。

1.1 什么是 Python

Python 已经具有近二十年的发展历史，成熟且稳定。它包含了一组完善而且容易理解的标准库，能够轻松完成很多常见的任务。Python 的语法非常简洁和清晰，与其他计算机程序设计语言最大的不同在于，它采用缩进来定义语句块。Python 简洁的语法和对动态输入的支持，再加上它解释性语言的本质，使得它在大多数平台上的很多领域中都是一个理想的脚本语言，特别适合快速应用程序的开发。

Python 支持命令式编程、函数式编程、面向切面编程、泛型编程等多种编程范式。与 Scheme、Ruby、Perl、Tcl 等动态语言一样，Python 具备垃圾自动回收功能，能够自动管理内存。Python 经常被当作脚本语言用于处理系统管理任务和 Web 编程，当然它也非常适合完成各种高级任务。Python 虚拟机几乎可以在所有的操作系统中运行，使用一些诸如 py2exe、PyPy、PyInstaller 之类的工具可以将 Python 源代码转换成可以脱离 Python 解释器执行的可运行程序。Python 的主要发行版本是 CPython，它是一个由社区驱动的自由软件，目前由 Python 软件基金会管理。基于 Python 语言的相关技术正在飞速发展，用户数量增长迅速。

Python 语言起源于 1989 年，当时 CWI（阿姆斯特丹国家数学和计算机科学研究所）的研究员 Guido van Rossum 需要一种高级脚本编程语言，他从高级数学语言 ABC（ALL

BASIC CODE）中汲取了大量语法，并从系统编程语言 Modula-3 中借鉴了错误处理机制。他把这种新的语言命名为 Python，他希望这个新的叫作 Python 的语言能符合他的理想：创造一种介于 C 和 shell 之间，功能全面，易学易用，可拓展的语言。

1991 年，第一个 Python 编译器诞生。它是用 C 语言实现的，并能够调用 C 语言的库文件。从一出生，Python 已经具有了类、函数、异常处理、包含表和词典在内的核心数据类型，以及以模块为基础的拓展系统。

1994 年 1 月，Python 1.0 正式发布。2000 年 10 月 16 日，Python 2.0 发布，实现了完整的垃圾回收功能，并且支持 Unicode。与此同时，Python 的整个开发过程更加透明，社区对开发进度的影响逐渐扩大，生态圈开始慢慢形成。Python 2.0 最大的变化可能不是代码，而是开发方式。2004 年 11 月 30 日，Python 2.4 发布，它是 Python 2.X 的经典实用版本。2005 年，Python 中流行的开发框架 Django 发布。

2008 年 10 月，Python 2.6 发布，它增加了许多兼容 Python 3 的语法，和随后发布的 Python 2.7 成为 Python 2.X 的过渡版本。

2008 年 12 月 3 日，Python 3.0 发布，此版本不完全兼容之前的 Python 代码，不过很多新特性后来也被移植到旧的 Python 2.6/2.7 版本中，因为目前还有公司在项目和运维中使用 Python 2.X 版本的代码。

2010 年 7 月，Python 2.7 发布。同年，Python 中流行的 Flask 框架发布，一经发布，它便以简单、自定义的特性迅速蹿红。现在已与 Django 并驾齐驱成为 Python 语言中最受欢迎的两大 Web 框架。

2019 年 1 月，Python 3.7.2 发布，这是截至本书写作时 3.X 分支的最新版本。

温馨提示：Python 版本号规则

Python 的版本号分为三段，形如 A.B.C。其中 A 表示大版本号，一般当整体重写，或出现不向后兼容的改变时，增加 A；B 表示功能更新，出现新功能时增加 B；C 表示小的改动（如修复了某个 Bug），只要有修改就增加 C。

Python 从一开始就特别在意可拓展性。Python 可以在多个层次上拓展。在高层，你可以直接引入.py 文件；在底层，你可以引用 C 语言的库。Python 程序员可以快速地使用 Python 写.py 文件作为拓展模块，但当性能是重要因素时，Python 程序员可以深入底层写 C 程序，编译为.so 文件并引入到 Python 中使用。Python 就好像是使用钢结构建房一样，先规定好大的框架，而程序员可以在此框架下相当自由地进行拓展或更改。

1.2 Python 语言有什么特点

Python 语言主要有以下特点：

- 简单：Python 是一种代表简单主义思想的语言。阅读一个良好的 Python 程序就感觉像是在读英语一样，尽管这个英语的要求非常严格。Python 的这种伪代码本质是其优点之一，使用户能够专注于解决问题而不是去搞明白语言本身。
- 易学：Python 有极其简单的语法，非常容易上手。
- 免费、开源：Python 是 FLOSS（自由/开源软件）之一。简单来说，用户可以自由地发布这个软件的拷贝、阅读它的源代码、对它做改动、把它的一部分用于新的自由软件中。FLOSS 是基于一个团体分享知识的概念，这也是为什么 Python 如此优秀的原因之一：它由一群希望看到 Python 更加优秀的人创造，并被他们不断改进。
- 高层语言：使用 Python 语言编写程序时，不用考虑如何管理程序使用的内存等底层细节。
- 可移植性强：由于它的开源本质，Python 已经被移植在许多平台上。如果 Python 程序没有使用依赖于系统的特性，那么程序不用修改就可以在下述任意平台上面运行。这些平台包括 Linux、Windows、FreeBSD、Macintosh、Solaris、OS/2、Amiga、AROS、AS/400、BeOS、OS/390、z/OS、Palm OS、QNX、VMS、Psion、Acom RISC OS、VxWorks、PlayStation、Sharp Zaurus、Windows CE、Pocket PC 和 Symbian。
- 解释型语言：编译型语言（如 C 或 C++）源程序从源文件（即 C 或 C++ 语言）转换到二进制代码（即 0 和 1）的过程通过编译器和不同的标记、选项完成，当运行程序的时候，连接器把程序从硬盘复制到内存中并且运行。而 Python 程序不需要编译成二进制代码，直接从源代码运行程序。在计算机内部，Python 解释器把源代码转换成字节码的中间形式，然后再把它翻译成计算机使用的机器语言并运行。因此，用户不再需要操心如何编译程序、如何确保指定了正确的模块或包文件等细节，所有这一切使得使用 Python 更加简单。同时，由于只需要把 Python 程序拷贝到另外一台计算机上即可工作，这也使得 Python 程序更加易于移植。
- 面向对象：Python 既支持面向过程的编程也支持面向对象的编程。在面向过程的语言中，程序是由过程或仅仅是可重用代码的函数构建起来的。在面向对象的语言中，程序是由数据和功能组合而成的对象构建起来的。与其他语言（如 C++和 Java）相比，Python 以一种非常强大又简单的方式实现面向对象编程。
- 可扩展性强：如果希望把一段关键代码运行得更快或希望某些算法不公开，可以使用 C 或 C++语言编写这部分程序，然后在 Python 程序中调用它们。
- 可嵌入性强：可以把 Python 嵌入 C/C++程序，从而向用户提供脚本功能。
- 丰富的扩展库：Python 扩展库很庞大，可以帮助处理包括正则表达式、文档生成、单元测试、线程、数据库、网页浏览器、CGI、FTP、电子邮件、XML、XML-RPC、HTML、WAV 文件、密码系统、GUI（图形用户界面）、Tk 以及其他与系统有关的操作。只要安装了 Python，所有这些功能都是可用的，这被称作 Python 的“功能齐全”理念。除了扩展库以外，还有许多其他高质量的库，如 wxPython、Twisted 和 Python 图像库等。

1.3 Python 可以干什么

Python 几乎可以做所有的事情。目前国内有豆瓣、搜狐、金山、腾讯、盛大、网易、百度、阿里、土豆、新浪等，国外有 Google、NASA（美国国家航空和宇宙航行局）、YouTube、Facebook、红帽、Instagram 等企业都在云基础设施、DevOps、网络爬虫、数据分析挖掘、机器学习等领域广泛应用 Python 语言。

目前，Python 语言在以下领域得到了广泛应用：

- 系统编程：提供各类常用 API，方便进行系统维护和管理。
- 图形处理：有 PIL、Tkinter 等图形库支持，方便进行图形处理。
- 数学处理：NumPy 扩展提供了大量标准数学库的接口，SciPy 是一款方便、易于使用、专为科学和工程设计的 Python 工具包，这两者是将 Python 用于数学和科学计算时常用的扩展库。
- 文本处理：Python 提供的 re 模块能支持正则表达式，除此之外，Python 还提供 SGML 和 XML 分析模块。
- 数据库编程：Python 使用遵循 Python DB-API（数据库应用程序编程接口）规范的模块与 Microsoft SQL Server、Oracle、Sybase、DB2、MySQL 等数据库通信。Python 自带一个 Gadfly 模块，它提供了一个完整的 SQL 环境。
- 网络编程：Python 提供丰富的模块支持 Sockets 编程，能方便、快速地开发分布式应用程序。
- Web 应用：Python 支持最新的 HTML5 和 XML 技术，可以实现各类网站和 Web 应用。Python 有大量优秀的 Web 开发框架，并且在不断迭代，如 Django、Flask 和 Tornado 等。
- 云计算：Python 是云计算领域最热门的语言之一，典型应用（如 OpenStack）主要使用 Python 开发，各大云计算厂商也在其相关产品中大量使用 Python 语言。
- 人工智能：基于大数据分析和深度学习而发展出来的人工智能本质上已经无法离开 Python 的支持，目前世界优秀的人工智能学习框架（如 Google 的 TensorFlow、Facebook 的 PyTorch 及开源社区的神经网络库 Keras 等）均使用 Python 实现，微软的 CNTK（认知工具包）也完全支持 Python，且微软的 Visual Studio Code 已经将 Python 作为第一级语言进行支持。
- 金融领域：在金融分析、量化交易、金融工程等领域，Python 用得最多，重要性也在逐年提高。
- 多媒体应用：Python 的 PyOpenGL 模块封装了 OpenGL 应用程序编程接口，能进行二维和三维图像处理。PyGame 模块可用于编写游戏软件。

★练一练★

1. Python 语言有哪些特点？
2. Python 语言常被应用于哪些领域？
3. Python 语言的版本号规则是什么？

2 准备开发环境

俗话说“工欲善其事，必先利其器”，为了让 Python 程序开发“短、平、快”，搭建好开发环境并安装一套合适的开发工具是必不可少的步骤。本章主要介绍在 Windows 上安装 Python 开发环境的操作步骤，给出了常见的六种 Python 开发工具的优缺点对比，并以图文并茂的方式展现了 Anaconda+Spyder 开发工具的安装步骤。

2.1 在 Windows 上安装 Python 开发环境

Python 的主要发行版本有 2.X 和 3.X 两大分支，许多使用早期 Python 2.X 版本编写的程序都无法在 Python 3.X 上正常执行。为了兼容这些程序，Python 2.6 作为一个过渡版本，基本使用了 Python 2.X 的语法和库，同时考虑了 Python 2.X 向 Python 3.X 的迁移，允许使用部分 Python 3 的语法与函数。Python 官方建议新的程序使用 Python 3.X 的语法，除非运行环境无法安装 Python 3 或程序本身使用了不支持 Python 3 的第三方库。而即使无法立即使用 Python 3，也建议编写兼容 Python 3 版本的程序，然后使用 Python 2.6 或 Python 2.7 来执行。下面介绍 Python 3.7.2 运行环境在 Windows 7 旗舰版 SP1 操作系统上的安装过程。

Step 01 打开浏览器，在地址栏输入“https://www.python.org/”，进入 Python 官网，单击“Downloads”导航栏，如图 2-1 所示。

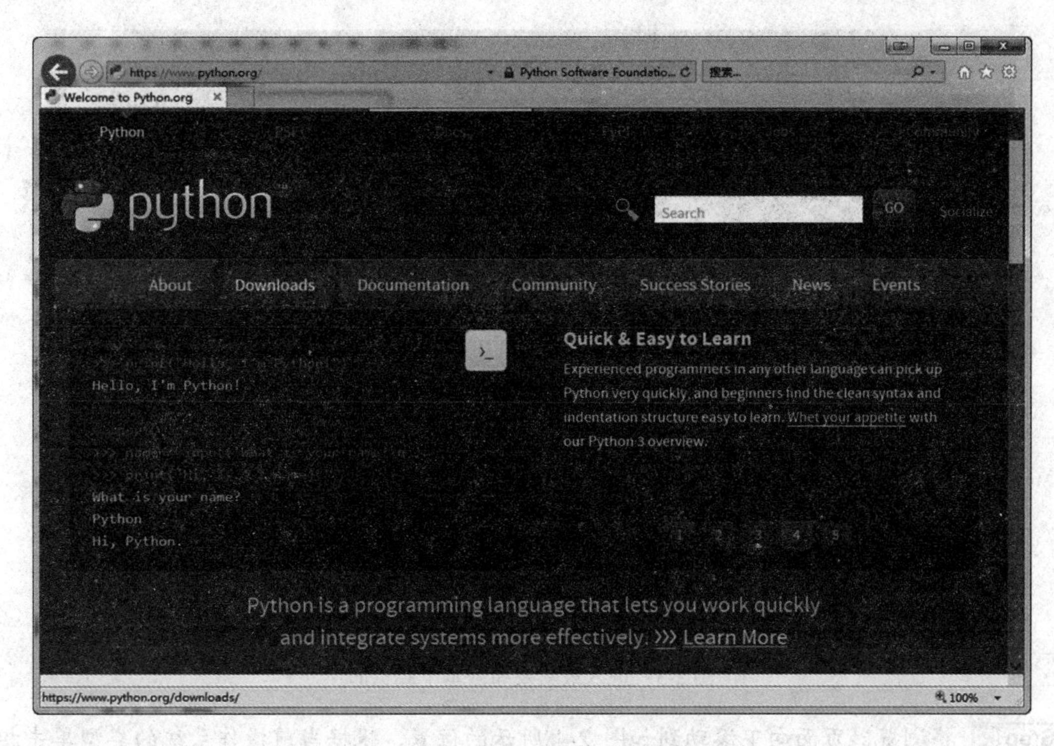

图 2-1　进入 Python 官网

Step 02 进入下载页面，单击“Windows”链接，如图 2-2 所示。

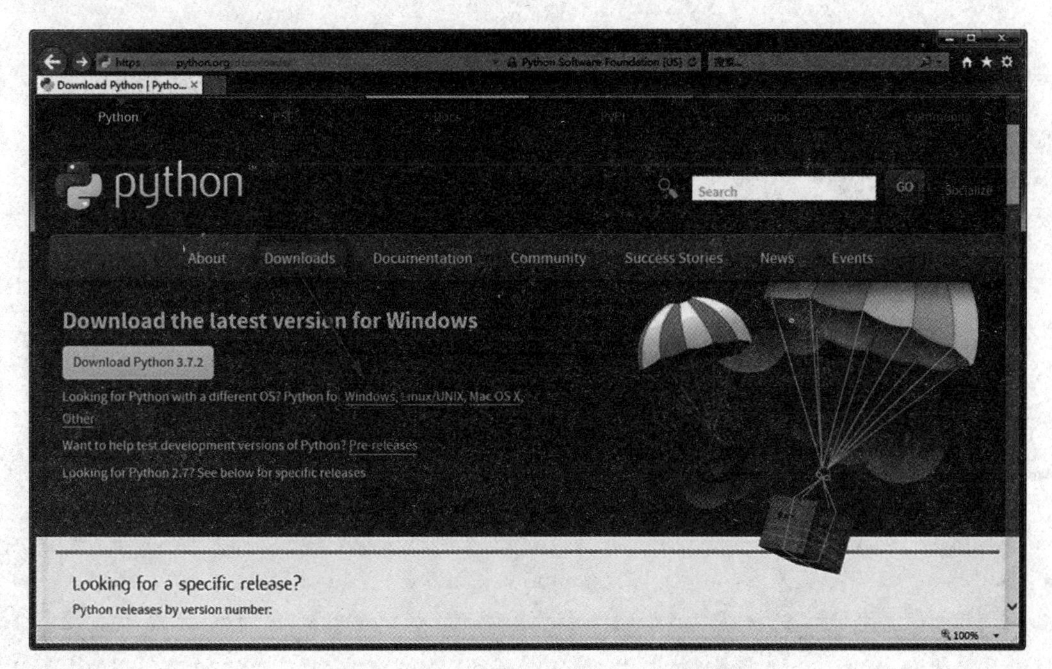

图 2-2　进入 Windows 版本下载页面

Step 03 单击“Latest Python 3 Release-Python 3.7.2”（这是截至本书写作时最新的发布版本）链接，如图 2-3 所示。

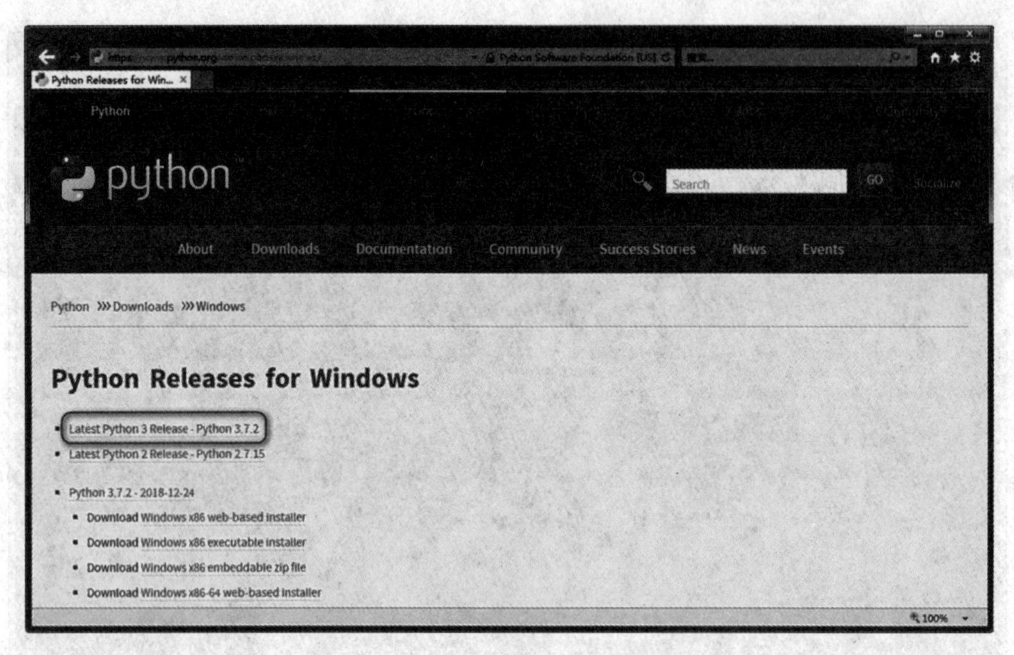

图 2-3 进入最新发布版本下载页面

Step 04 将浏览器页面向下滚动到如图 2-4 所示的位置，根据当前操作系统的类型单击相应的链接下载 Python 安装程序，如操作系统是 64 位则单击图中链接 1，操作系统是 32 位则单击图中链接 2。

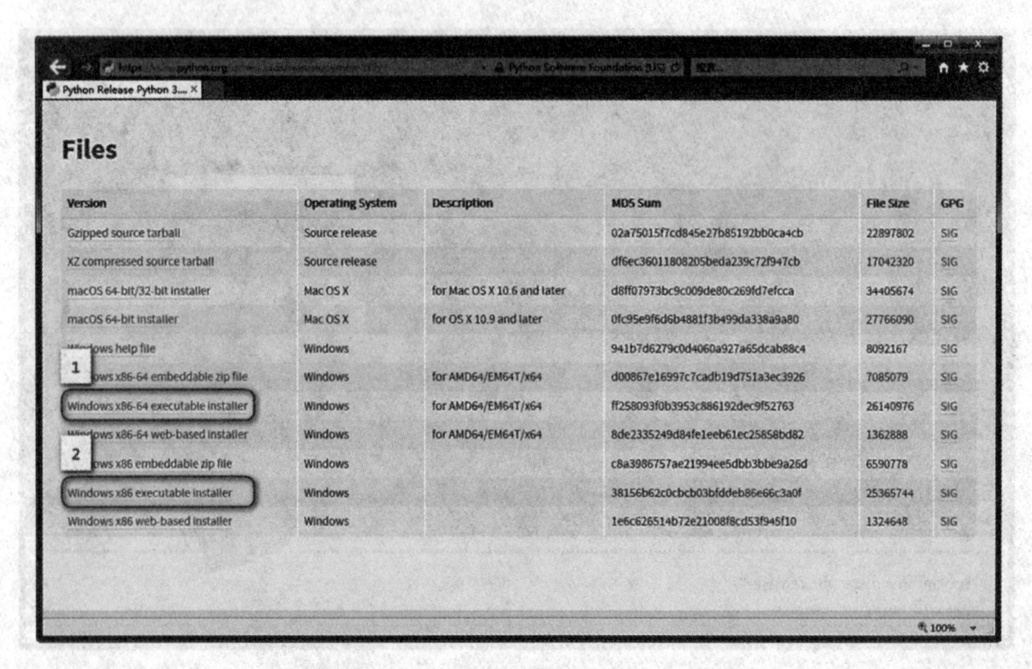

Version	Operating System	Description	MD5 Sum	File Size	GPG
Gzipped source tarball	Source release		02a75015f7cd845e27b85192bb0ca4cb	22897802	SIG
XZ compressed source tarball	Source release		df6ec36011808205beda239c72f947cb	17042320	SIG
macOS 64-bit/32-bit installer	Mac OS X	for Mac OS X 10.6 and later	d8ff07973bc9c009de80c269fd7efcca	34405674	SIG
macOS 64-bit installer	Mac OS X	for OS X 10.9 and later	0fc95e9f6d6b4881f3b499da338a9a80	27766090	SIG
ows help file	Windows		941b7d6279c0d4060a927a65dcab88c4	8092167	SIG
ows x86-64 embeddable zip file	Windows	for AMD64/EM64T/x64	d00867e16997c7cadb19d751a3ec3926	7085079	SIG
Windows x86-64 executable installer	Windows	for AMD64/EM64T/x64	ff258093f0b3953c886192dec9f52763	26140976	SIG
ows x86-64 web-based installer	Windows	for AMD64/EM64T/x64	8de2335249d84fe1eeb61ec25858bd82	1362888	SIG
ows x86 embeddable zip file	Windows		c8a3986757ae21994ee5dbb3bbe9a26d	6590778	SIG
Windows x86 executable installer	Windows		38156b62c0cbcb03bfddeb86e66c3a0f	25365744	SIG
Windows x86 web-based installer	Windows		1e6c626514b72e21008f8cd53f945f10	1324648	SIG

图 2-4 根据操作系统的类型下载 Python 安装程序

Step 05 运行下载的 Python 安装程序，系统显示如图 2-5 所示的安装界面（图中运行的是 64 位安装程序），勾选“Add Python 3.7 to PATH”单选项，然后单击“Customize installation”按钮。

图 2-5　运行 Python 安装程序

Step 06 进入下一步，此处复选框默认全部勾选，不做任何改动，单击“Next”按钮即可，如图 2-6 所示。

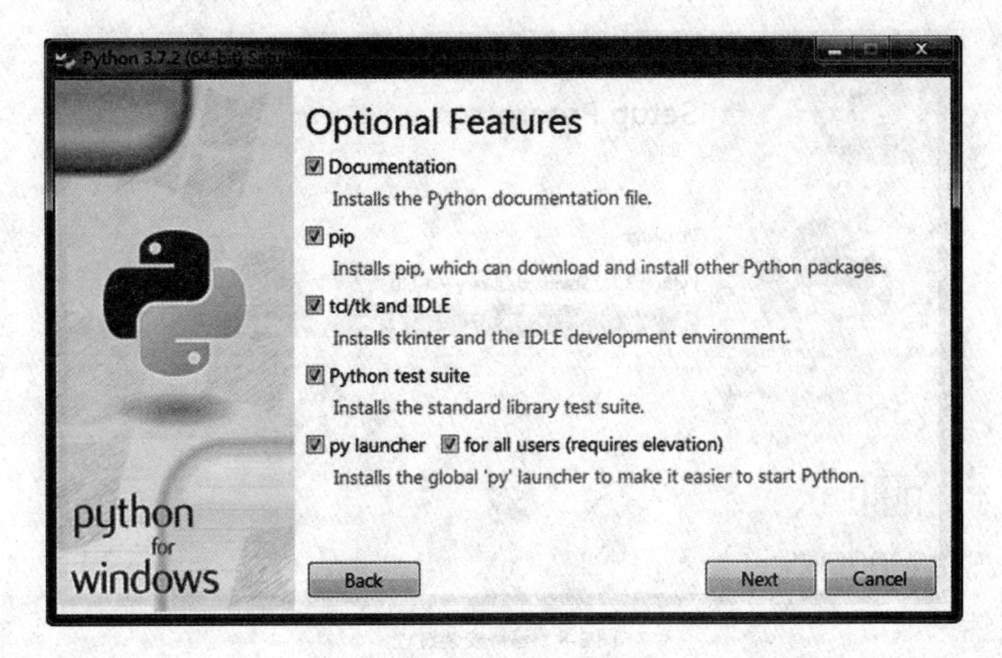

图 2-6　确认需要安装的功能

Step 07 进入安装配置界面，可根据需要勾选相应的选项。笔者除了默认的选项外，还勾选了“Install for all users”和“Precompile standard library”两项，此时下方的“Customize install location”从默认的“C:\Users\Administrator\AppData\Local\Programs\Python\ Python37”变成了“C:\Program Files\Python37”，单击“Install”按钮开始安装，如图 2-7 所示。

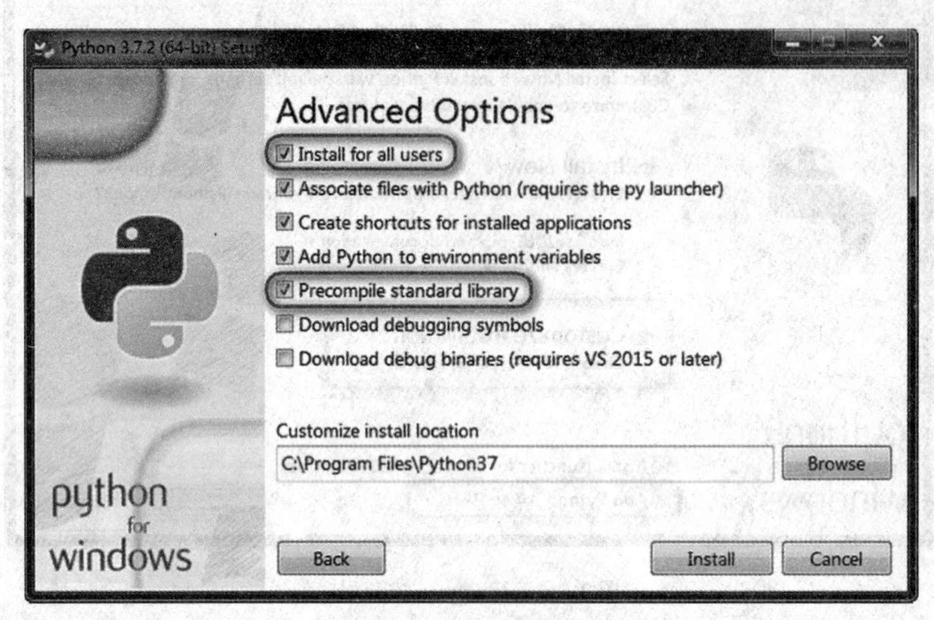

图 2-7 选择安装配置选项

Step 08 等待安装程序自动执行安装过程，如图 2-8 所示。

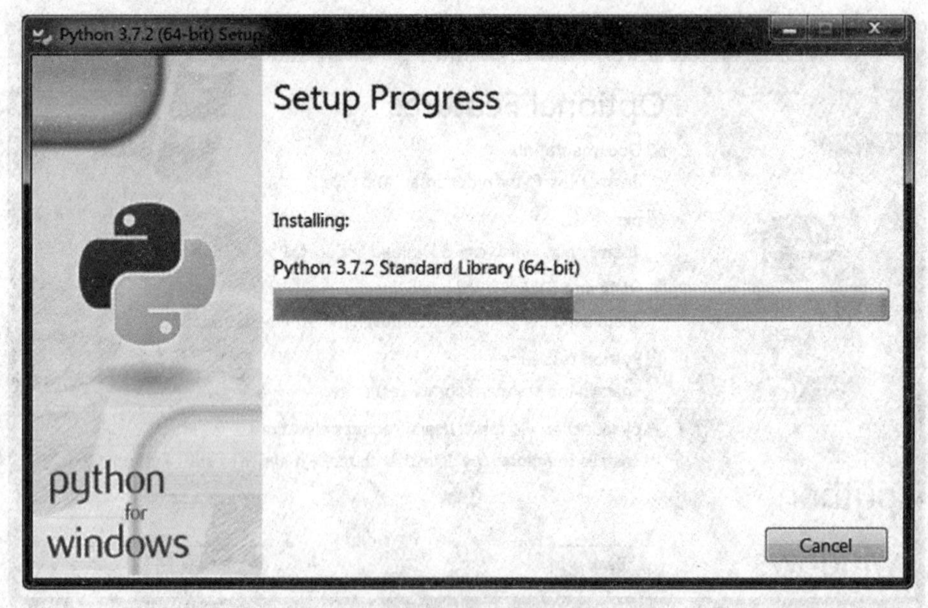

图 2-8 等待安装过程

Step 09 当显示如图 2-9 所示的界面时即表示 Python 环境已经成功安装，单击“Close”按钮关闭安装程序。

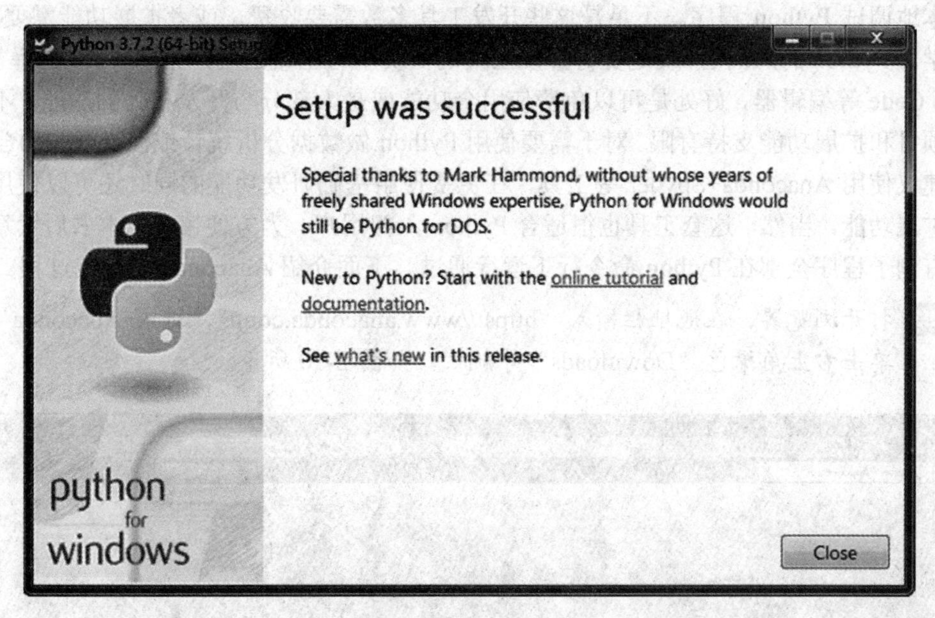

图 2-9　安装成功

2.2　选择和安装开发工具

常见的 Python 开发工具主要有 Anaconda、Visual Studio、PyCharm、Eclipse、Komodo 以及各种文本编辑器等，这些工具的优缺点对比如表 2-1 所示。

表 2-1　常见的 Python 开发工具优缺点对比

工具名称	是否支持 Python 原生项目和本地调试	是否内置 Python 常用框架	是否内置（或通过安装扩展）支持持续集成/源代码管理系统	是否支持其他语言，如 Java、C#、HTML 5、Javascript、APP 等	是否免费	支持的操作系统平台
Anaconda	是	是	是	有限支持	是	Win/Mac/Linux
Visual Studio	是	否	是	有限支持	Community 版本免费	Win/Mac
PyCharm	是	是	是	是	Community 版本免费	Win/Mac/Linux
Eclipse with PyDev	是	是	是	是	是	Win/Mac/Linux
Komodo IDE	是	是	是	是	Community 版本免费	Win/Mac/Linux
Visual Studio Code	否	否	否	有限支持	可免费使用	Win/Mac/Linux

对于有编程经验的用户，建议使用 Visual Studio、PyCharm、Eclipse with PyDEv 或 Komodo IDE 等集成开发环境，好处是它们支持 Python 原生项目和框架以及各种扩展功能，可以本地调试 Python 程序。不足是这些开发工具多数需要收费，或者扩展功能需要收费。对于学习 Python 的入门者，或是支付开发工具购买费用有困难的用户来说，可以选择 Visual Studio Code 等编辑器，好处是可以免费使用全功能或是大部分与开发相关的功能，不足是对于项目和扩展功能支持有限。对于需要使用 Python 做数据分析统计或涉及数据科学的用户，建议使用 Anaconda+Spyder 等工具，在免费使用基础研发功能的同时还可以使用多种附加扩展功能，当然，这套工具也很适合 Python 入门用户。为方便读者，本书后续章节中的所有例子程序全部在 Python 命令行下运行通过。下面介绍 Anaconda 的安装过程。

Step 01 打开浏览器，在地址栏输入“https://www.anaconda.com/”，进入 Anaconda 官网，单击右上角绿色“Downloads”导航栏，如图 2-10 所示。

图 2-10　进入 Anaconda 官网

Step 02 进入下载页面，将页面向下滚动并根据当前使用的操作系统单击相应的链接（页面给出对应的软件下载链接），根据当前计算机操作系统的版本选择并下载相应版本的 Anaconda 安装程序，这里以 Windows 下基于 Python 3.7 的 64 位安装程序为例，如图 2-11 所示。

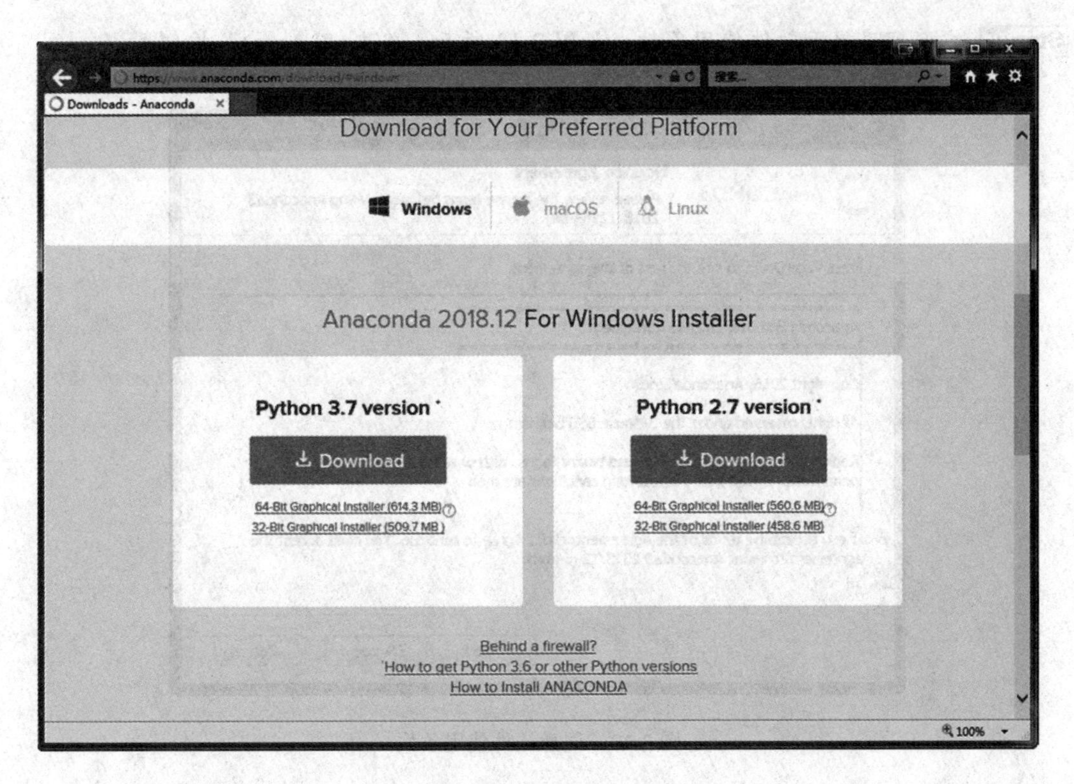

图 2-11　进入下载页面

Step 03 下载完成后执行安装程序，如图 2-12 所示，单击“Next”按钮。

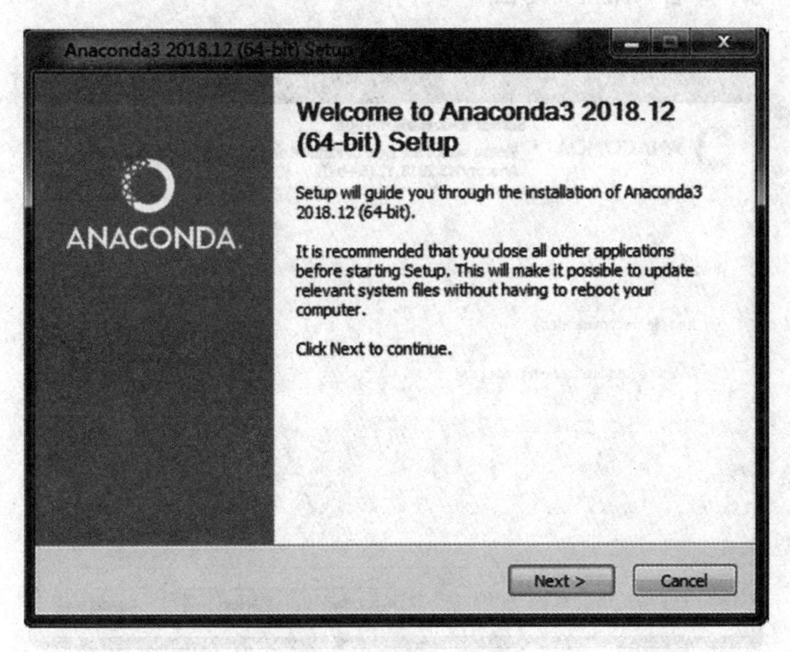

图 2-12　执行安装程序

Step 04 安装程序显示软件使用条款，如图 2-13 所示，单击“I Agree”按钮。

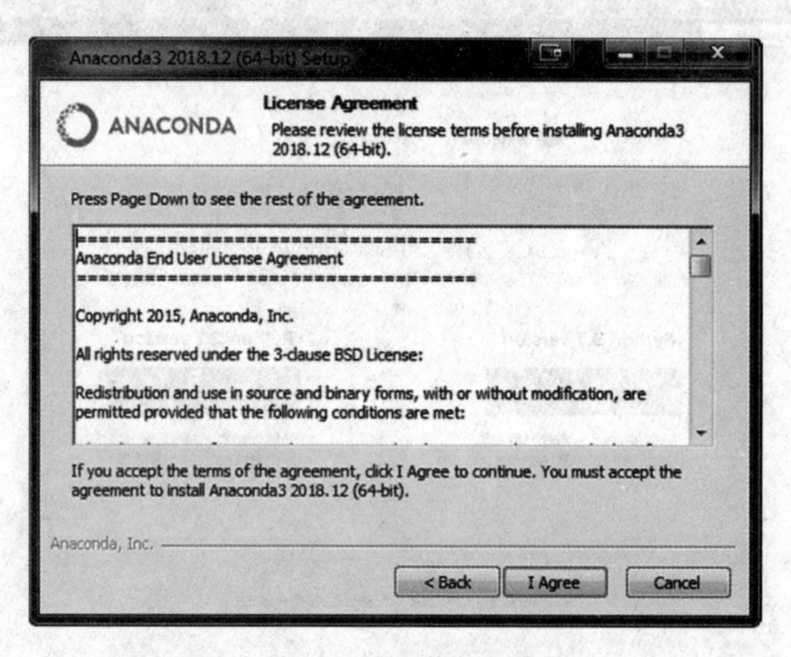

图 2-13　同意软件使用条款

Step 05 选择安装类型，如图 2-14 所示。因当前使用 Administrator 用户登录并启动安装程序，故选择第二项“All Users”，若是非管理员用户登录并启动安装程序，可选择第一项。单击“Next”按钮。

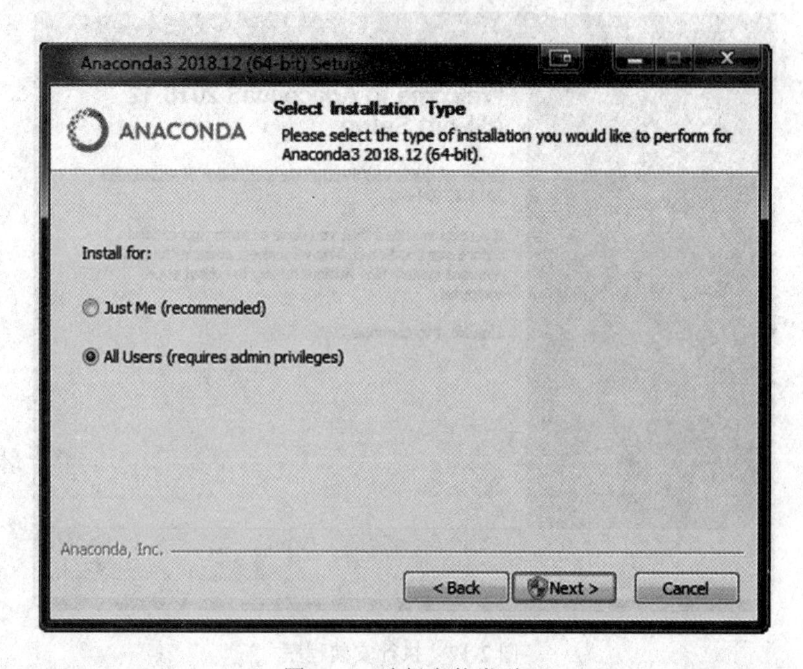

图 2-14　选择安装类型

Step 06 选择安装路径，如图 2-15 所示。这里建议使用默认路径，否则可能会出现个别组件安装失败的情况。单击“Next”按钮。

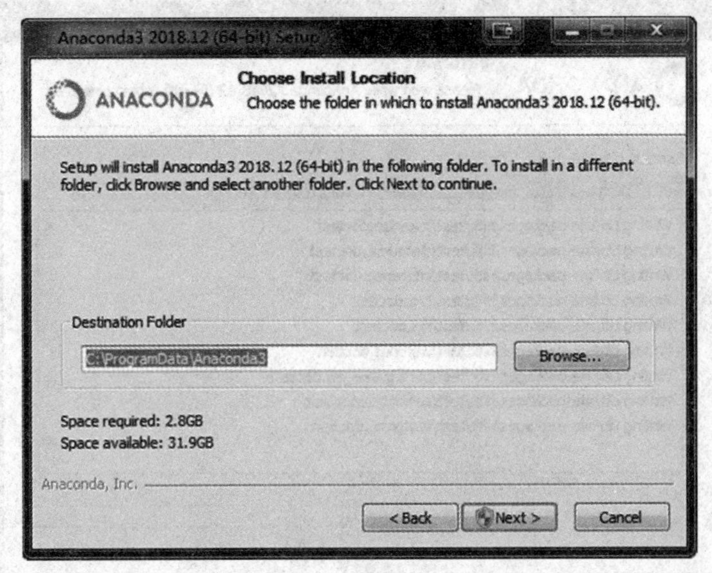

图 2-15　选择安装路径

Step 07 设置高级安装选项，如图 2-16 所示。勾选第一项表示将 Anaconda 及相关组件的启动文件路径加入系统环境变量，方便后续安装 Anaconda 扩展软件。勾选第二项表示将 Anaconda 自带的 Python 3.7 注册为系统默认的 Python 环境，这样即使安装了 Visual Studio、PyCharm 或是其他 IDE，都会使用 Anaconda 自带的 Python 3.7 作为相应的 Python 环境。因 2.1 节已单独安装了 Python 环境，故这里两项均不勾选，如计算机未安装任何 Python 环境，可勾选第二项。单击“Install”按钮。

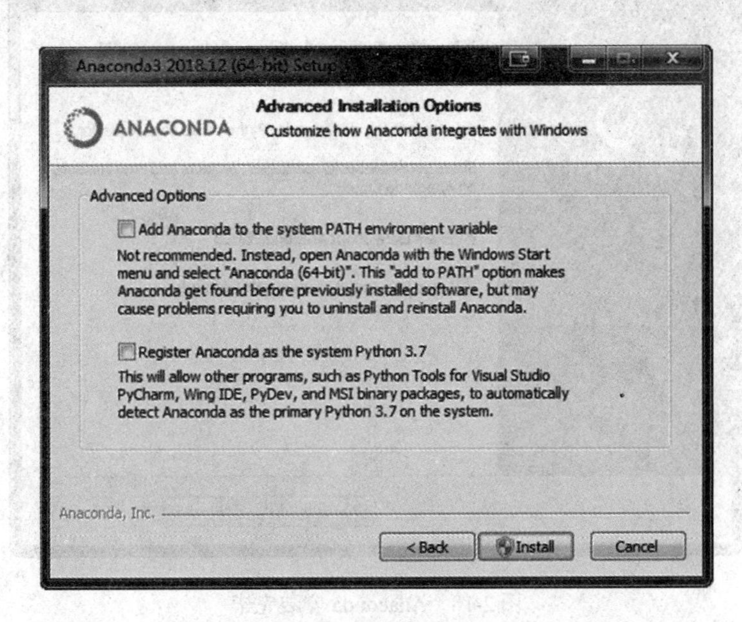

图 2-16　设置高级安装选项

Step 08 此时 Anaconda 开始安装，如图 2-17 所示。

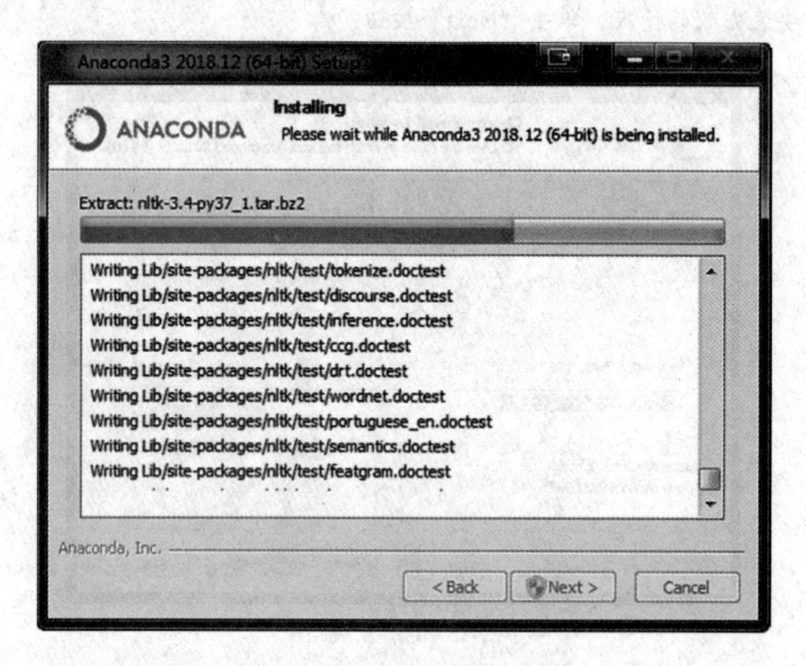

图 2-17 Anaconda 执行安装过程

Step 09 待安装程序执行完毕后，提示是否下载安装 Visual Studio Code，可根据需要选择安装。如不需要安装，可单击“Skip”按钮跳过此步骤。此时 Anaconda 安装程序执行完毕，单击“Finish”按钮关闭安装程序，如图 2-18 所示。

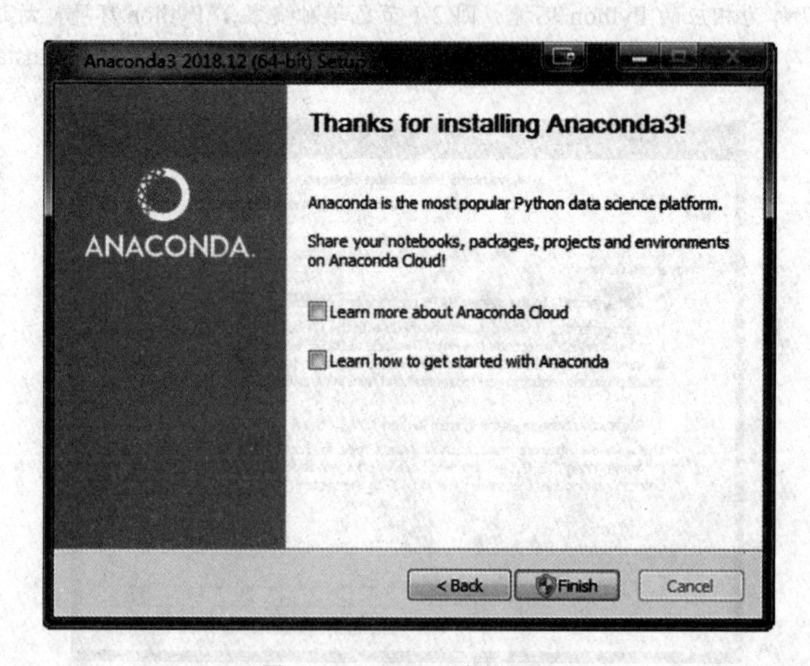

图 2-18 Anaconda 安装完毕

★练一练★

1．Python 3 和 Python 2 语法兼容吗，为什么？
2．请下载并安装 Python 3 的最新发行版运行环境。
3．请下载并安装一款适合的开发工具。

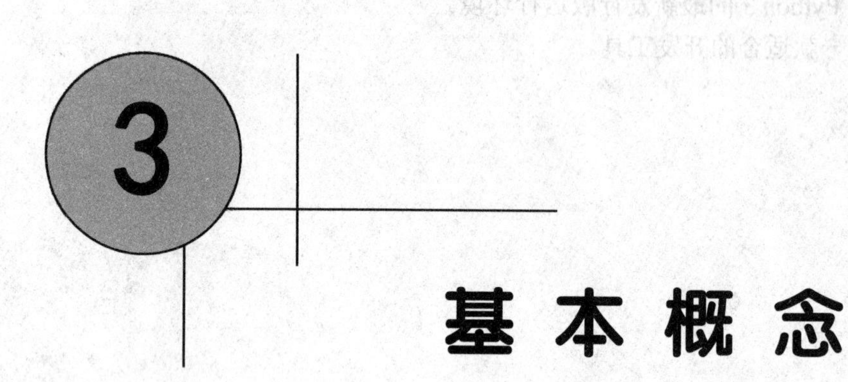

基本概念

每种编程语言的标识符和注释都有自身的特点，本章主要介绍 Python 的标识符与保留字、赋值和注释语句，以及换行和缩进等语法特点。

3.1 标识符与保留字

所谓标识符，可以理解为 C、C++、Java、C#等语言中的变量。Python 中标识符的命名规则主要有以下三点要求：

- ◆ 第一个字符必须是字母表中的字母或下画线“_”（在 Python 3.X 中也可使用非 ASCII 字母标识符）。
- ◆ 标识符的其他部分由字母、数字和下画线组成。
- ◆ 标识符对大小写敏感。

以下变量命名与赋值在 Python 3.X 中都是合法的：

```
a=1
b='你好'
中文变量名='汉字'
_boolVar=True
```

使用 print 函数输出上述变量的结果如图 3-1 所示。

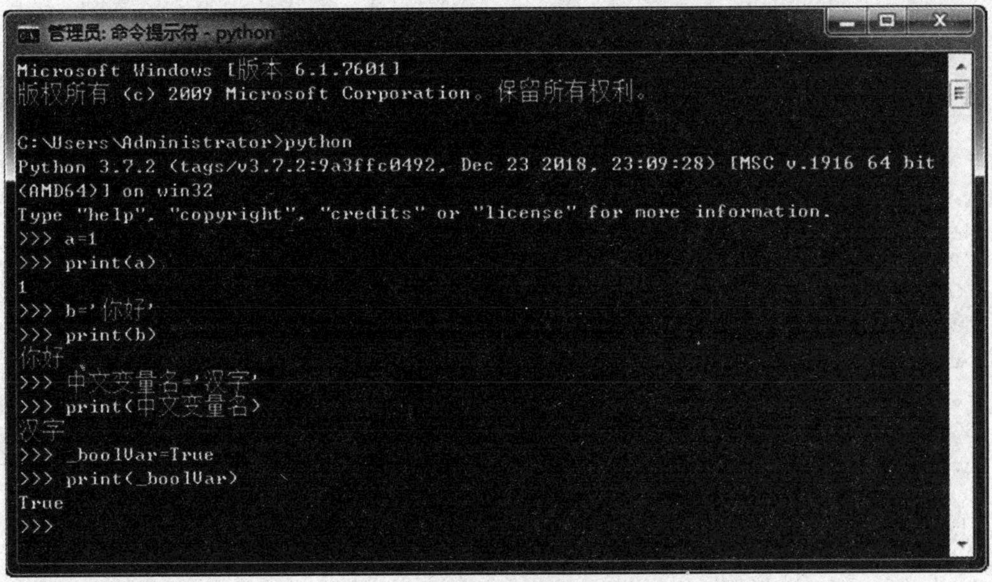

```
Microsoft Windows [版本 6.1.7601]
版权所有 (c) 2009 Microsoft Corporation。保留所有权利。

C:\Users\Administrator>python
Python 3.7.2 (tags/v3.7.2:9a3ffc0492, Dec 23 2018, 23:09:28) [MSC v.1916 64 bit
(AMD64)] on win32
Type "help", "copyright", "credits" or "license" for more information.
>>> a=1
>>> print(a)
1
>>> b='你好'
>>> print(b)
你好
>>> 中文变量名='汉字'
>>> print(中文变量名)
汉字
>>> _boolVar=True
>>> print(_boolVar)
True
>>>
```

图 3-1　Python 中的标识符命名

如果在执行 print 函数输出的时候，错将上述变量 a、b、_boolVar 变成大写，那么将得到类似以下的错误：

```
>>> print(A)
Traceback (most recent call last):
  File "<stdin>", line 1, in <module>
NameError: name 'A' is not defined                #意味着变量 A 没有定义
```

通常，Python 语言有以下命名惯例：

◆ 以单一下画线开头的变量名“_X”不会被“from module import *”语句导入。
◆ 前后有下画线的变量名“_X_”是系统定义的变量名，对解释器有特殊意义。
◆ 以双下画线开头，但结尾没有双下画线的变量名“__X”是类的本地（压缩）变量。
◆ 通过交互模式运行时，只有单个下画线的变量名“_X”会保存最后表达式的结果。

与 C、C++、Java、C#等语言不同，Python 没有定义常量的关键字，意即 Python 中没有常量的概念。为了实现与其他语言中功能相近的常量，可以使用 Python 面向对象的方法编写一个“常量”模块。（这里读者可以先参照完成，类与面向对象相关知识详见本书第 8 章）

将以下代码保存为 test-const.py：

```
import sys

class _CONSTANT:
    class ConstantError(TypeError) : pass
```

```
    def __setattr__(self, key, value):
        if key in self.__dict__.keys():
            raise(self.ConstantError, "常量重新赋值错误!")
        self.__dict__[key] = value

sys.modules[__name__] = _CONSTANT()
#使用以下方式为 CONSTANT 这个“常量”赋值和调用:
CONSTANT = _CONSTANT()
CONSTANT.TEST = 'test'
print(CONSTANT.TEST)
#尝试使用以下方式为 CONSTANT 重新赋值:
CONSTANT.TEST = 'test111'
print(CONSTANT.TEST)
```

上述代码的运行结果如图 3-2 所示。

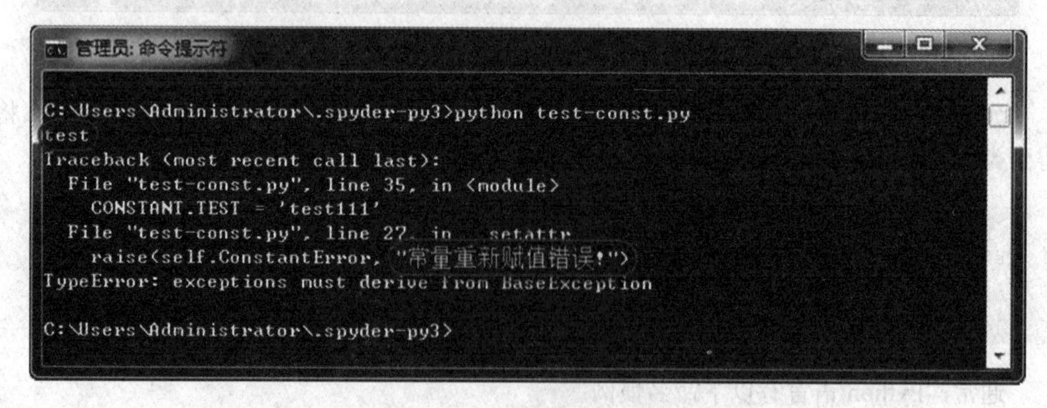

图 3-2 使用面向对象的方法定义 Python“常量”

可以看到，第一次为CONSTANT.TEST赋值后能够成功执行，当尝试为CONSTANT.TEST重新赋值时将会出现错误提示，这相当于起到了常量的作用。

保留字即其他语言中的关键字，是指在语言本身的编译器中已经定义过的单词，具有特定含义和用途，用户不能再将这些单词作为变量名或函数名、类名使用。Python 3.7.2 中的保留字主要有 False、None 等 35 个。

温馨提示：Python 3.7.2 中的 35 个保留字

False、None、True、and、as、assert、async、await、break、class、continue、def、del、elif、else、except、finally、for、from、global、if、import、in、is、lambda、nonlocal、not、or、pass、raise、return、try、while、with、yield。

Python 2.X 中的 exec 和 print 等保留字在 3.X 中已经改为内置函数。

Python 3.7.2 中 35 个保留字的含义及作用如表 3-1 所示。

表 3-1　Python 3.7.2 中 35 个保留字的含义及作用

序　号	保 留 字	说　明
1	and	逻辑与操作，用于表达式运算
2	as	用于转换数据类型
3	assert	用于判断变量或条件表达式的结果
4	async	用于启用异步操作
5	await	用于异步操作中等待协程返回
6	break	中断循环语句的执行
7	class	定义类
8	continue	继续执行下一次循环
9	def	定义函数或方法
10	del	删除变量或序列的值
11	elif	条件语句，与 if、else 结合使用
12	else	条件语句，与 if、else 结合使用；也可用于异常或循环语句
13	except	包含捕获异常后的处理代码块，与 try、finally 结合使用
14	False	含义为“假”的逻辑值
15	finally	包含捕获异常后的始终要调用的代码块，与 try、except 结合使用
16	for	循环语句
17	from	用于导入模块，与 import 结合使用
18	global	用于在函数或其他局部作用域中使用全局变量
19	if	条件语句，与 elif、else 结合使用
20	import	导入模块，与 from 结合使用
21	in	判断变量是否在序列中
22	is	判断变量是否为某个类的实例
23	lambda	定义匿名函数
24	None	表示一个空对象或是一个特殊的空值
25	nonlocal	用于在函数或其他作用域中使用外层（非全局）变量
26	not	逻辑非操作，用于表达式运算
27	or	逻辑或操作，用于表达式运算
28	pass	空的类、方法或函数的占位符
29	raise	用于抛出异常
30	return	从函数返回计算结果
31	True	含义为“真”的逻辑值
32	try	测试执行可能出现异常的代码，与 except、finally 结合使用
33	while	循环语句
34	with	简化 Python 的语句
35	yield	从函数依次返回值

在 Python 环境下可以执行以下命令查看当前版本的保留字：

```
import keyword
keyword.kwlist
```

上述代码的运行结果如图 3-3 所示。

```
管理员: 命令提示符 - python
C:\Users\Administrator\.spyder-py3>python
Python 3.7.2 (tags/v3.7.2:9a3ffc0492, Dec 23 2018, 23:09:28) [MSC v.1916 64 bit
(AMD64)] on win32
Type "help", "copyright", "credits" or "license" for more information.
>>> import keyword
>>> keyword.kwlist
['False', 'None', 'True', 'and', 'as', 'assert', 'async', 'await', 'break', 'cla
ss', 'continue', 'def', 'del', 'elif', 'else', 'except', 'finally', 'for', 'from
', 'global', 'if', 'import', 'in', 'is', 'lambda', 'nonlocal', 'not', 'or', 'pas
s', 'raise', 'return', 'try', 'while', 'with', 'yield']
>>>
```

图 3-3　查看当前版本 Python 环境的保留字

若将保留字作为标识符并赋值将会得到语法错误，如图 3-4 所示。

```
管理员: 命令提示符 - python
C:\Users\Administrator\.spyder-py3>python
Python 3.7.2 (tags/v3.7.2:9a3ffc0492, Dec 23 2018, 23:09:28) [MSC v.1916 64 bit
(AMD64)] on win32
Type "help", "copyright", "credits" or "license" for more information.
>>> class="This is a class"
  File "<stdin>", line 1
    class="This is a class"
        ^
SyntaxError: invalid syntax
>>>
```

图 3-4　错误使用保留字将引发语法错误

3.2　赋值与注释

Python 变量在使用前必须赋值，否则会报错。与其他语言相同，Python 也使用等号“=”作为赋值符号，例如：

```
a = 1
x = y = z = 2                # 可将同一个值赋给多个变量
db = DB()                    # 定义 DB 类的一个实例 db
a, b = 0, 1                  # 变量也可这样赋值，但不建议
```

在 Python 中单行注释以“#”开头，单行注释可以单独占一行，也可以在同一行的代码右边出现，例如：

```
# 这里是单行注释
test=123           # 这里也是单行注释
```

需要注意的是，一行中“#”右侧的所有字符均被认为是注释内容，因此下述代码中的“print(test)”将不被执行。

```
# 这里是单行注释
test=123              # 这里也是单行注释
# 这里仍然是单行注释    print(test)
```

当注释内容超过一行时，可以在每行开头都使用“#”形成多行注释，还可以使用“'''”（连续 3 个英文半角单引号）和“"""”（连续 3 个英文半角双引号）将多行注释内容包括起来，例如：

```
# 这里是单行注释
# 这里也是单行注释

'''
这里是多行注释
这里也是多行注释
'''

"""
这里是多行注释
这里也是多行注释
"""

test=123
print(test)
```

我们知道，Python 源程序文件实际上是后缀为.py 的文本文件，而文本文件在存储时会使用相应的字符集，中文字符集通常是 UTF-8 或 GBK。而在编写 Python 程序的时候，避免不了会出现或是用到中文，此时需要在文件开头加上使用的字符集的中文注释。如果程序文件开头不声明使用的是什么字符集，那么默认使用 ASCII 字符集读取程序文件，此时即使中文内容包含在注释里面，代码仍然会报错。声明文档使用的字符集的方法如下：

```
#coding=utf-8
```

或是：

```
#coding=gbk
```

3.3 行与缩进

通常来说，一条 Python 语句应在一行内写完，但如果语句很长，可以使用反斜杠“\”来实现多行语句，例如：

```
s = "我正在写\
一本关于 Python 的书"

print(\
s)
```

需要注意的是，在成对的大括号“{}”、中括号“[]”或小括号“()”中的多行语句，不需要使用反斜杠“\”，例如：

```
total = ['item_one', 'item_two', 'item_three',
'item_four', 'item_five']
```

可见，在编写程序时使用的是物理行，Python 环境使用的则是逻辑行。在 Python 中可以使用分号“;”标识一个逻辑行的结束，但为了避免使用分号，通常在每个物理行中只写一个逻辑行。

Python 最具特色的语法是使用缩进来表示代码块，好处是不需要像其他语言一样使用大括号“{}”。行首的空白（空格或制表符）用来决定逻辑行的缩进层次，从而决定语句的分组（即代码块），这意味着不同代码块缩进的距离（即行首空白）可以不同，但同一代码块的语句必须有相同的缩进距离，每一组这样的语句称为一个代码块。例如：

```
if True:
print ("True")
else:
print ("False")
```

而以下代码由于最后一行语句缩进距离不一致，运行时将出现如图 3-5 所示的错误。

```
if True:
    print ("Answer")
    print ("True")
else:
    print ("Answer")
  print ("False")    # 缩进不一致，会导致运行错误
```

```
>>> if True:
...     print ("Answer")
...     print ("True")
... else:
...     print ("Answer")
...   print ("False")    # 缩进不一致，会导致运行错误
  File "<stdin>", line 6
    print ("False")    # 缩进不一致，会导致运行错误
                                          ^
IndentationError: unindent does not match any outer indentation level
>>>
```

图 3-5　缩进距离不一致导致运行错误

不要混合使用空格和制表符来缩进，这将导致同一段 Python 代码在不同的操作系统中无法正常工作。

★练一练★

1．Python 中标识符的命名规则是什么？

2．Python 中有哪些保留字，含义和作用分别是什么？

3．不同代码块缩进的距离（即行首空白）可以不同吗？同一代码块的语句缩进距离可以不同吗？

4 数据类型与运算符

数据类型是一种编程语言的重要组成部分。本章主要介绍 Python 语言的七种常用数据类型和七种常用运算符。

4.1 数据类型

Python 内置的基本数据类型主要有：Number（数值）、Bool（布尔）、String（字符串）、List（列表）、Tuple（元组）、Set（集合）、Dictionary（字典）等。本章主要介绍 Number 和 Bool 类型，String 类型详见本书第 5 章，List、Tuple、Set、Dictionary 类型详见本书第 6 章。

4.1.1 Number

Python 3.X 中的 Number 类型包括 int（整型）、float（浮点型）和 complex（复数）三种。通常，定义数值型变量并赋值可以一步完成，例如：

```
a = 123
b = -123
```

在 Python 环境中可以使用以下代码查看当前计算机可以使用的 int 类型的最大值：

```
import sys
print(sys.maxsize)
```

上述代码在 Windows 7 SP1 和 MacOS HighSierra 10.13.3 上的运行结果如图 4-1 所示。

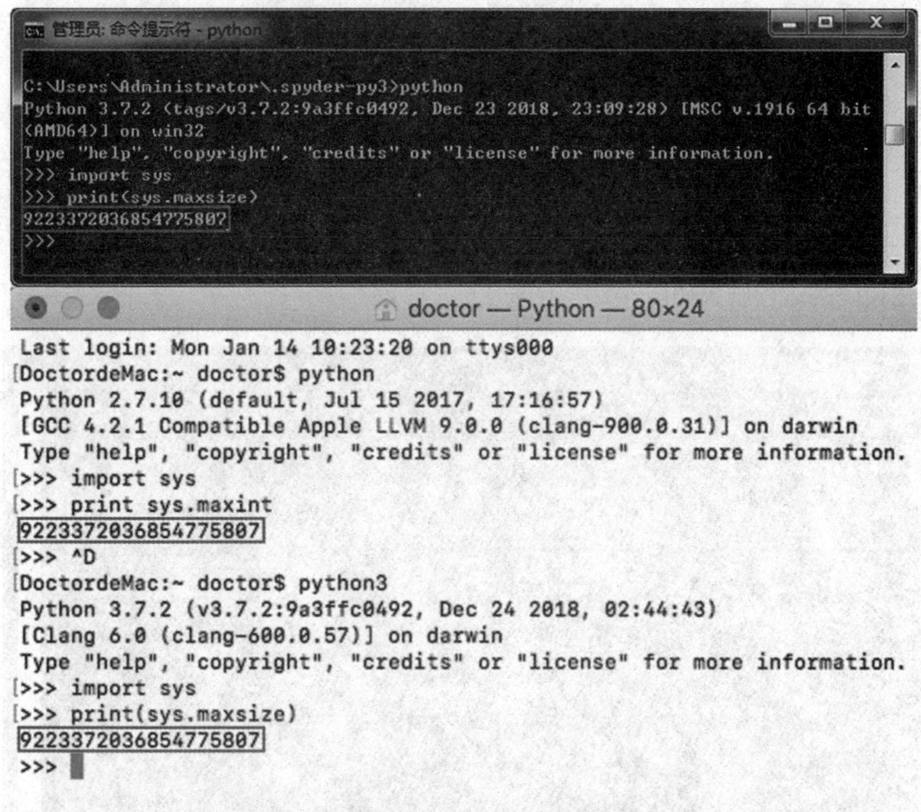

图 4-1　查看当前计算机可以使用的 int 类型的最大值

需要注意的是，在 Python 2.X 中使用 sys.maxint 来查看当前计算机可以使用的 int 类型的最大值。

Python 的 float 类型浮点数用机器上浮点数的本机双精度（64bit）表示。和 C 语言的 Double 类型相同，float 类型提供大约 17 位的精度以及从-308 到 308 的指数。Python 不支持 32 位的单精度浮点数。如果程序需要精确控制区间和数字精度，可以考虑使用 numpy 模块。在 Python 3.X 中浮点数默认是 17 位精度。

温馨提示：关于单精度和双精度

C 语言中浮点型分为单精度和双精度两种。单精度使用 float 定义，双精度使用 double 定义。在 Turbo C 中单精度型占 4 个字节（32 位）内存空间，其数值范围为 3.4×10^{-38}～3.4×10^{38}，只能提供七位有效数字。双精度型占 8 个字节（64 位）内存空间，其数值范围为 1.7×10^{-308}～1.7×10^{308}，可提供 16 位有效数字。

int 型和 float 型数值可以直接进行加减乘除、乘方和取余等运算，例如：

```
5 + 4        # 加法
4.3 - 2      # 减法
3 * 7        # 乘法
2 / 4        # 除法，得到一个浮点数
2 // 4       # 除法，得到一个整数
17 % 3       # 取余
2 ** 5       # 乘方
```

上述代码的运行结果如图 4-2 所示。

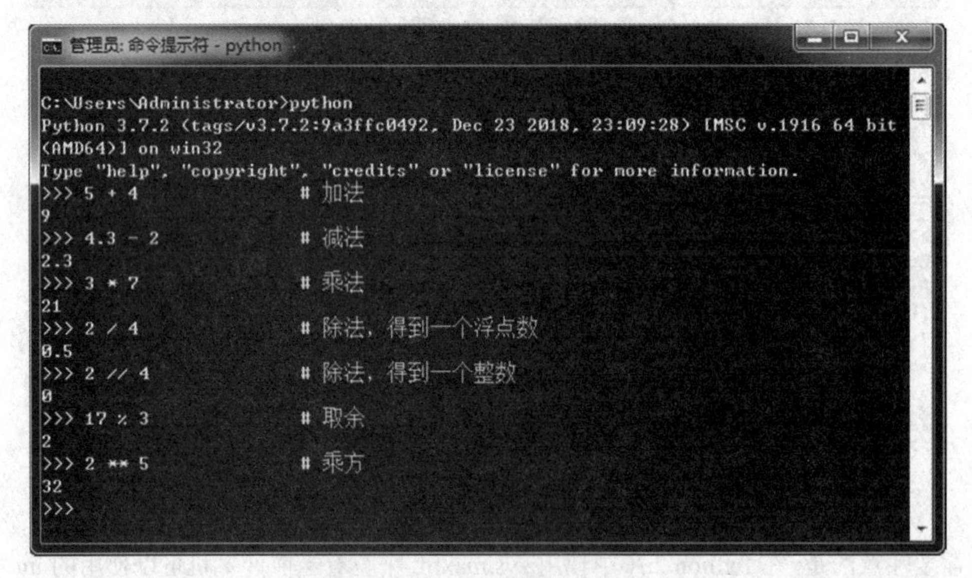

图 4-2 int 型与 float 型数值的简单运算

需要注意的是，单除号“/”除法总是返回一个浮点数，要获取整数结果应使用双除号“//”操作符。在混合计算时，Python 会将整数转换成为浮点数。

在实际工作中会遇到需要使用更高精度（超过 17 位小数）的情况，可以使用 decimal 模块，配合 getcontext()函数使用。例如：

```
from decimal import *
print(getcontext())
getcontext().prec = 50
print(Decimal(1)/Decimal(9))
print(Decimal(1)/Decimal(19))
print(float(Decimal(1)/Decimal(19)))
```

上述代码的运行结果如图 4-3 所示。

```
管理员: 命令提示符 - python
C:\Users\Administrator>python
Python 3.7.2 (tags/v3.7.2:9a3ffc0492, Dec 23 2018, 23:09:28) [MSC v.1916 64 bit
(AMD64)] on win32
Type "help", "copyright", "credits" or "license" for more information.
>>> from decimal import *
>>> print(getcontext())
Context(prec=28, rounding=ROUND_HALF_EVEN, Emin=-999999, Emax=999999, capitals=1
, clamp=0, flags=[], traps=[InvalidOperation, DivisionByZero, Overflow])
>>> getcontext().prec = 50
>>> print(Decimal(1)/Decimal(9))
0.11111111111111111111111111111111111111111111111111
>>> print(Decimal(1)/Decimal(19))
0.052631578947368421052631578947368421052631578947368
>>> print(float(Decimal(1)/Decimal(19)))
0.05263157894736842
>>>
```

图 4-3　使用 decimal 模块操作高精度数据

在具体工作中，很多时候需要将精度高的 float 型数值转换为精度低的数值，通俗来说就是“四舍五入”，舍弃小数点右边的部分数据。在 Python 中通常使用内置的 round()函数完成，例如执行：

```
round(1.5)
```

将得到结果“2”。但 round()函数对于内置的数据类型而言，执行结果往往并不像所期待的那样，如果只有一个数作为参数，当不指定位数的时候，返回的是一个整数，而且是最靠近的整数（类似四舍五入）。但是当出现“.5”的时候，两边的距离都一样，round()取靠近的偶数。例如执行：

```
round(2.5)
round(2.675)
```

上述代码的运行结果，如图 4-4 所示。

```
管理员: 命令提示符 - python
C:\Users\Administrator>python
Python 3.7.2 (tags/v3.7.2:9a3ffc0492, Dec 23 2018, 23:09:28) [MSC v.1916 64 bit
(AMD64)] on win32
Type "help", "copyright", "credits" or "license" for more information.
>>> round(2.5)
2
>>> round(2.675)
3
>>>
```

图 4-4　round()函数只有一个数作为参数的执行结果

对于指定保留小数位数的情况，如果要舍弃的部分最左侧是“5”，且“5”左侧是奇数则直接舍弃，若“5”左侧是偶数则向上取整，例如执行：

```
round(2.635, 2)
round(2.645, 2)
```

```
round(2.655, 2)
round(2.665, 2)
round(2.675, 2)
```

上述代码的运行结果，如图 4-5 所示。

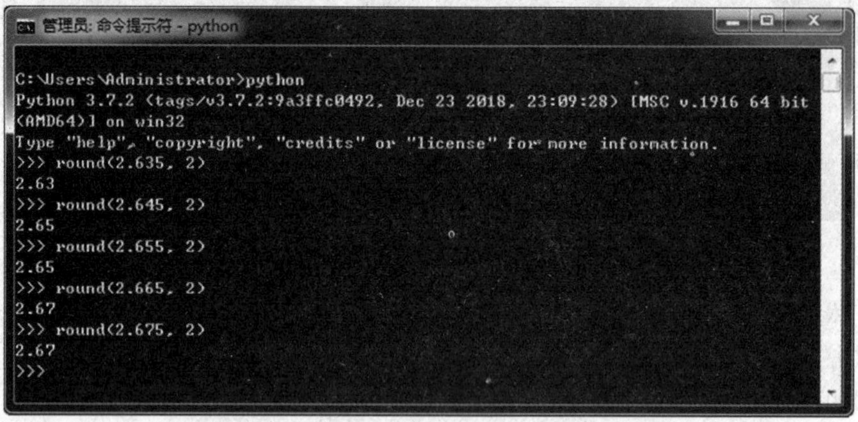
管理员: 命令提示符 - python
C:\Users\Administrator>python
Python 3.7.2 (tags/v3.7.2:9a3ffc0492, Dec 23 2018, 23:09:28) [MSC v.1916 64 bit
(AMD64)] on win32
Type "help", "copyright", "credits" or "license" for more information.
>>> round(2.635, 2)
2.63
>>> round(2.645, 2)
2.65
>>> round(2.655, 2)
2.65
>>> round(2.665, 2)
2.67
>>> round(2.675, 2)
2.67
>>>

图 4-5　round()函数指定保留小数位数的情况

除了 round()函数，math 模块中的 ceil()和 floor()函数也可以实现向上或向下取整。例如：

```
from math import ceil, floor
round(2.5)
ceil(2.5)
floor(2.5)
round(2.3)
ceil(2.3)
floor(2.3)
```

上述代码的运行结果如图 4-6 所示。

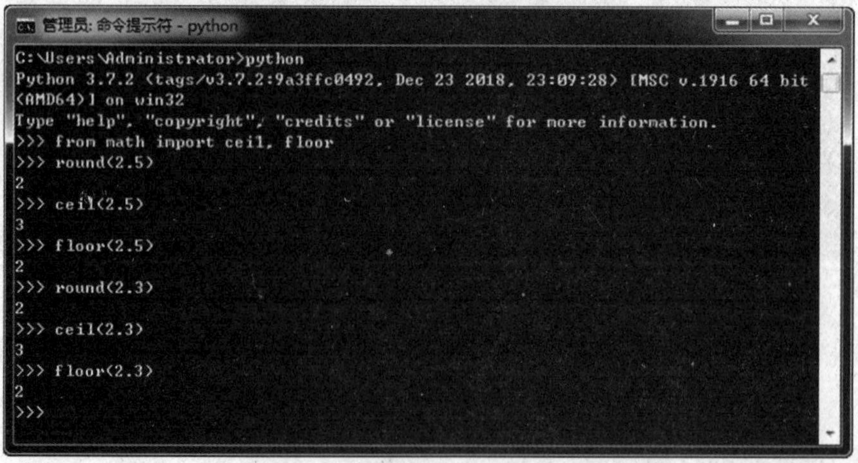
管理员: 命令提示符 - python
C:\Users\Administrator>python
Python 3.7.2 (tags/v3.7.2:9a3ffc0492, Dec 23 2018, 23:09:28) [MSC v.1916 64 bit
(AMD64)] on win32
Type "help", "copyright", "credits" or "license" for more information.
>>> from math import ceil, floor
>>> round(2.5)
2
>>> ceil(2.5)
3
>>> floor(2.5)
2
>>> round(2.3)
2
>>> ceil(2.3)
3
>>> floor(2.3)
2
>>>

图 4-6　math 模块中的 ceil()和 floor()函数

Python 使用 complex()函数创建复数。其参数可以接受数值或字符串，例如：

```
print(complex(1))             # 只有实部 1
print(complex(1, 2))          # 实部为 1，虚部为 2
print(complex('1+2j'))        # 实部为 1，虚部为 2
```

上述代码的运行结果如图 4-7 所示。

```
管理员: 命令提示符 - python
C:\Users\Administrator>python
Python 3.7.2 (tags/v3.7.2:9a3ffc0492, Dec 23 2018, 23:09:28) [MSC v.1916 64 bit
(AMD64)] on win32
Type "help", "copyright", "credits" or "license" for more information.
>>> print(complex(1))                  # 只有实部1
(1+0j)
>>> print(complex(1, 2))               # 实部为1，虚部为2
(1+2j)
>>> print(complex('1+2j'))             # 实部为1，虚部为2
(1+2j)
>>>
```

图 4-7　使用 complex()函数创建复数

注意

第二个参数不能传入字符串。当希望从一个字符串的复数形式转换复数时，需要注意的是字符串中不能出现空格，比如可以写成：

```
complex('1+2j')
```

而不能写成

```
complex('1  +2j')
```

或

```
complex('1  +  2j')
```

否则会返回 ValueError 异常。

4.1.2　Bool

Python 中的 Bool 类型主要使用 True 和 False 保留字表示，Bool 类型通常在 if 和 while 等语句中使用。需要注意的是，Python 中的 Bool 类型是 int 的子类（继承自 int），故

```
True==1
False==0
```

上述代码的运行结果如图 4-8 所示。

```
管理员: 命令提示符 - python

C:\Users\Administrator>python
Python 3.7.2 (tags/v3.7.2:9a3ffc0492, Dec 23 2018, 23:09:28) [MSC v.1916 64 bit
(AMD64)] on win32
Type "help", "copyright", "credits" or "license" for more information.
>>> True==1
True
>>> False==0
True
>>>
```

图 4-8　Bool 类型是 int 的子类

因此，在数值上下文环境中，True 和 False 可以参与数值运算，例如：

```
True+3==4
```

上述代码的运行结果如图 4-9 所示。

```
管理员: 命令提示符 - python

C:\Users\Administrator>python
Python 3.7.2 (tags/v3.7.2:9a3ffc0492, Dec 23 2018, 23:09:28) [MSC v.1916 64 bit
(AMD64)] on win32
Type "help", "copyright", "credits" or "license" for more information.
>>> True+3==4
True
>>>
```

图 4-9　Bool 类型可以参与数值运算

因此，可以简单将 True 理解为 1，将 False 理解为 0。事实上，Python 会将以下数据判定为 False：

- None。
- False。
- 数值类型的 0 值，例如 0、0.0、0j（虚部为 0 的复数）。
- 空序列，例如“''”“()”“[]”。
- 空映射，例如“{}”。
- 一个定义了__bool__()或__len__()方法的用户自定义类，且该方法返回 0 值或 False。

4.2　运算符

Python 中的运算符主要分为算术运算符、比较（关系）运算符、赋值运算符、逻辑运算符、位运算符、成员运算符和身份运算符共 7 大类。

4.2.1　算术运算符

Python 的算术运算符共有 7 个，详见表 4-1。

表 4-1　Python 的算术运算符

运 算 符	描　述
+	两个数相加，或是字符串连接
-	两个数相减
*	两个数相乘，或是返回一个重复若干次的字符串
/	两个数相除，结果为浮点数（小数）
//	两个数相除，结果为向下取整的整数
%	取模，返回两个数相除的余数
**	幂运算，返回乘方结果

以上算术运算符的示例和运行结果参见图 4-2，在此不再赘述。

4.2.2　比较（关系）运算符

Python 的比较（关系）运算符共 6 个，详见表 4-2。

表 4-2　Python 的比较（关系）算术运算符

运 算 符	描　述
==	比较两个对象是否相等
!=	比较两个对象是否不相等
>	大小比较，例如 x>y 将比较 x 和 y 的大小，如 x 比 y 大，返回 True，否则返回 False
<	大小比较，例如 x<y 将比较 x 和 y 的大小，如 x 比 y 小，返回 True，否则返回 False
>=	大小比较，例如 x>=y 将比较 x 和 y 的大小，如 x 大于等于 y，返回 True，否则返回 False
<=	大小比较，例如 x<=y 将比较 x 和 y 的大小，如 x 小于等于 y，返回 True，否则返回 False

上述比较（关系）运算符的示例如图 4-10 所示。

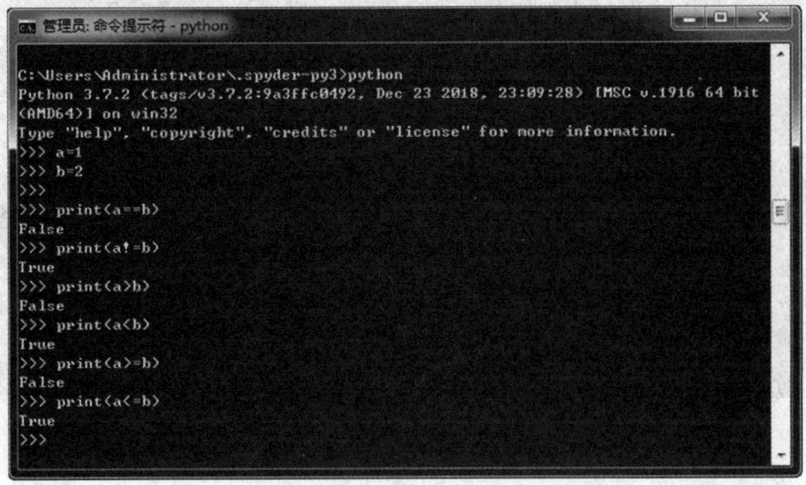

```
管理员: 命令提示符 - python
C:\Users\Administrator\.spyder-py3>python
Python 3.7.2 (tags/v3.7.2:9a3ffc0492, Dec 23 2018, 23:09:28) [MSC v.1916 64 bit
(AMD64)] on win32
Type "help", "copyright", "credits" or "license" for more information.
>>> a=1
>>> b=2
>>>
>>> print(a==b)
False
>>> print(a!=b)
True
>>> print(a>b)
False
>>> print(a<b)
True
>>> print(a>=b)
False
>>> print(a<=b)
True
>>>
```

图 4-10　比较（关系）运算符的示例

4.2.3 赋值运算符

Python 的赋值运算符共 8 个，详见表 4-3。

表 4-3 Python 的赋值运算符

运 算 符	描　述
=	常规赋值运算符，将运算结果赋值给变量
+=	加法赋值运算符，例如 a+=b 等效于 a=a+b
-=	减法赋值运算符，例如 a-=b 等效于 a=a-b
*=	乘法赋值运算符，例如 a*=b 等效于 a=a*b
/=	除法赋值运算符，例如 a/=b 等效于 a=a/b
%=	取模赋值运算符，例如 a%=b 等效于 a=a%b
**=	幂运算赋值运算符，例如 a**=b 等效于 a=a**b
//=	取整除赋值运算符，例如 a//=b 等效于 a=a//b

上述赋值运算符的示例如图 4-11 所示。

```
管理员: 命令提示符 - python
C:\Users\Administrator\.spyder-py3>python
Python 3.7.2 (tags/v3.7.2:9a3ffc0492, Dec 23 2018, 23:09:28) [MSC v.1916 64 bit
(AMD64)] on win32
Type "help", "copyright", "credits" or "license" for more information.
>>> a=2
>>> b=3
>>>
>>> a+=b
>>> print(a)
5
>>> a-=b
>>> print(a)
2
>>> a*=b
>>> print(a)
6
>>> a/=b
>>> print(a)
2.0
>>> a%=b
>>> print(a)
2.0
>>> a**=b
>>> print(a)
8.0
>>> a//=b
>>> print(a)
2.0
>>>
```

图 4-11　赋值运算符的示例

4.2.4　逻辑运算符

Python 的逻辑运算符共 3 个，详见表 4-4。

表 4-4　Python 的逻辑运算符

运 算 符	描　　述
and	布尔“与”运算符，返回两个变量“与”运算的结果
or	布尔“或”运算符，返回两个变量“或”运算的结果
not	布尔“非”运算符，返回对变量“非”运算的结果

上述逻辑运算符的示例如图 4-12 所示。

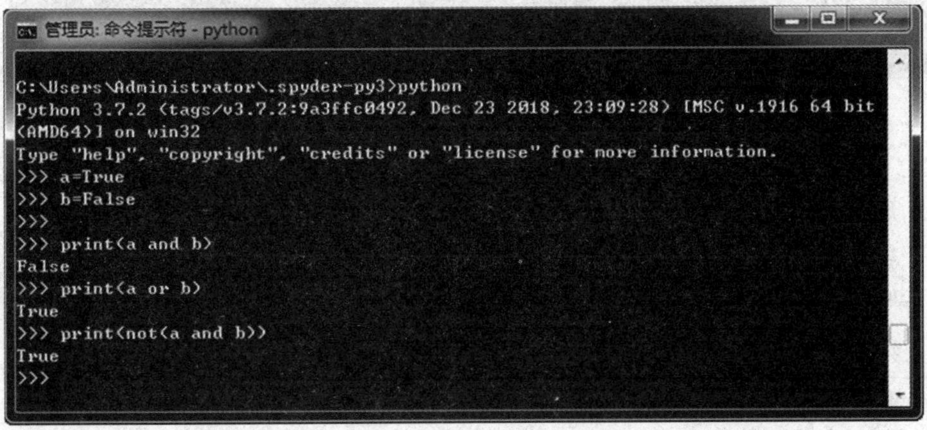

```
管理员: 命令提示符 - python
C:\Users\Administrator\.spyder-py3>python
Python 3.7.2 (tags/v3.7.2:9a3ffc0492, Dec 23 2018, 23:09:28) [MSC v.1916 64 bit
(AMD64)] on win32
Type "help", "copyright", "credits" or "license" for more information.
>>> a=True
>>> b=False
>>>
>>> print(a and b)
False
>>> print(a or b)
True
>>> print(not(a and b))
True
>>>
```

图 4-12　逻辑运算符的示例

4.2.5　位运算符

Python 的位运算符共 6 个，详见表 4-5。

表 4-5　Python 的位运算符

运 算 符	描　　述
&	按位“与”运算符：参与运算的两个值，如果两个相应位都为 1，则结果为 1，否则为 0
|	按位“或”运算符：只要对应的两个二进制位有一个为 1 时，结果就为 1
^	按位“异或”运算符：当两对应的二进制位相异时，结果为 1
~	按位“取反”运算符：对数据的每个二进制位取反，即把 1 变为 0，把 0 变为 1
<<	“左移动”运算符：运算数的各二进制位全部左移若干位，由“<<”右边的数指定移动的位数，高位丢弃，低位补 0
>>	“右移动”运算符：运算数的各二进制位全部右移若干位，由“>>”右边的数指定移动的位数

上述位运算符的示例如图 4-13 所示。

```
管理员: 命令提示符 - python

C:\Users\Administrator\.spyder-py3>python
Python 3.7.2 (tags/v3.7.2:9a3ffc0492, Dec 23 2018, 23:09:28) [MSC v.1916 64 bit
(AMD64)] on win32
Type "help", "copyright", "credits" or "license" for more information.
>>> a=55     # a=0011 0111
>>> b=11     # b=0000 1011
>>>
>>> print(a&b)
3
>>> print(a|b)
63
>>> print(a^b)
60
>>> print(~a)
-56
>>> print(a<<3)
440
>>> print(a>>3)
6
>>>
```

图 4-13　位运算符的示例

4.2.6　成员运算符

Python 的成员运算符共 2 个，详见表 4-6。

表 4-6　Python 的成员运算符

运 算 符	描　　述
in	当在指定的序列中找到值时返回 True，否则返回 False
not in	当在指定的序列中没有找到值时返回 True，否则返回 False

上述成员运算符的示例如图 4-14 所示。

```
管理员: 命令提示符 - python

C:\Users\Administrator\.spyder-py3>python
Python 3.7.2 (tags/v3.7.2:9a3ffc0492, Dec 23 2018, 23:09:28) [MSC v.1916 64 bit
(AMD64)] on win32
Type "help", "copyright", "credits" or "license" for more information.
>>> a=1
>>> b=20
>>> l = [1, 2, 3, 4, 5 ]
>>>
>>> print(a in l)
True
>>> print(b not in l)
True
>>>
```

图 4-14　成员运算符的示例

4.2.7　身份运算符

Python 的身份运算符共 2 个，详见表 4-7。

表 4-7　Python 的身份运算符

运 算 符	描　述
is	判断两个标识符是否引用自同一个对象，若引用的是同一个对象则返回 True，否则返回 False
is not	判断两个标识符是不是引用自不同对象，若引用的不是同一个对象则返回 True，否则返回 False

上述身份运算符的示例如图 4-15 所示。

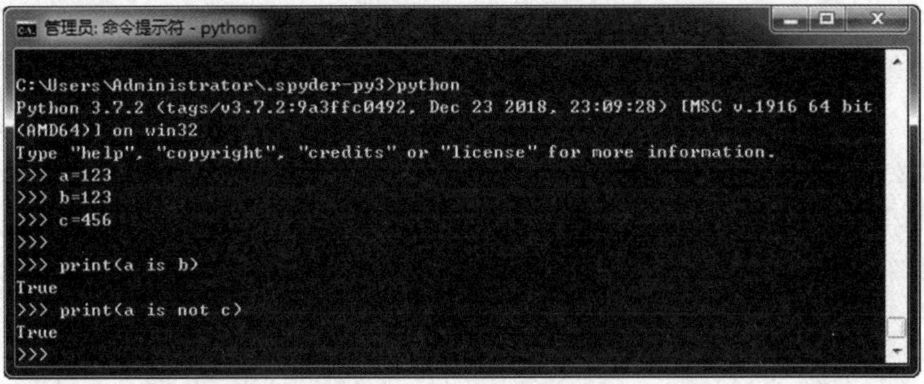

```
管理员: 命令提示符 - python

C:\Users\Administrator\.spyder-py3>python
Python 3.7.2 (tags/v3.7.2:9a3ffc0492, Dec 23 2018, 23:09:28) [MSC v.1916 64 bit
(AMD64)] on win32
Type "help", "copyright", "credits" or "license" for more information.
>>> a=123
>>> b=123
>>> c=456
>>>
>>> print(a is b)
True
>>> print(a is not c)
True
>>>
```

图 4-15　身份运算符的示例

4.2.8　Python 运算符优先级

上述 34 个 Python 运算符的优先级从高到低排序如表 4-8 所示。

表 4-8　Python 运算符优先级

运 算 符	描　述
**	幂
~	按位“取反”
* / % //	乘、除、取模、取整除
+ -	加、减
>> <<	右移、左移
&	按位“与”
^ |	按位“异或”、按位“或”
<= < > >=	比较运算符
== !=	等于、不等于
= %= /= //= -= += *= **=	赋值运算符
is　is not	身份运算符
in　not in	成员运算符
and　or　not	逻辑运算符

★练一练★

1．Python 有哪些内置数据类型？

2．Python 的 Number 类型具体包括哪些类型？使用时需要注意什么？

3．Python 有哪些运算符？它们的作用分别是什么？运算符之间的优先级顺序是怎样的？

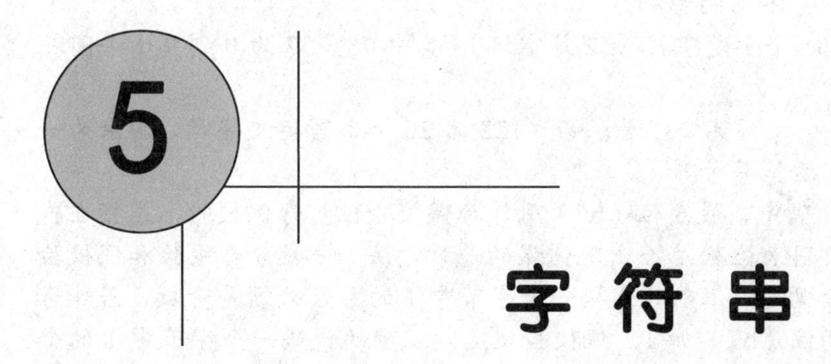

字 符 串

编程语言既然被称为语言，就必须具备显示文字和输入输出的能力，本章主要介绍常用字符集、Python 中字符串的定义和使用，以及正则表达式的相关知识。

5.1 字符集

世界上存在多种自然语言，这意味着 Python 程序代码中可能存在若干种语言文字的标识符和字符串用于显示、输出或注释。为了存储和显示这些不同的语言文字，不同的国家和组织制定了若干种字符集标准。常见的字符集有 ASCII 字符集、简体中文 GB2312 字符集、繁体中文 Big5 字符集、简体中文 GB18030 字符集、Unicode 字符集等。

5.1.1 ASCII 字符集

ASCII（American Standard Code for Information Interchange，美国信息交换标准代码）是由美国国家标准学会（American National Standard Institute，ANSI）制定的基于拉丁字母的一套电脑编码系统，起始于 20 世纪 50 年代后期，在 1967 年定案，主要用于显示现代英语和其他西欧语言。ASCII 字符集是现今最通用的单字节编码系统，等同于国际标准 ISO/IEC 646。

ASCII 码使用指定的 7 位或 8 位二进制数组合来表示 128 或 256 种可能的字符。标准 ASCII 码也叫基础 ASCII 码，使用 7 位二进制数（剩下的 1 位二进制为 0）来表示所有的大写和小写字母、数字 0 到 9、标点符号，以及在美式英语中使用的特殊控制字符。其中：

- 0～31 及 127（共 33 个）是控制字符或通信专用字符（其余为可显示字符），如控制符：LF（换行）、CR（回车）、FF（换页）、DEL（删除）、BS（退格)、BEL（响铃）等；通信专用字符：SOH（文头）、EOT（文尾）、ACK（确认）等；ASCII 值为 8、9、10 和 13 分别转换为退格、制表、换行和回车字符。它们并没有特定的图形显示，但会依据不同的应用程序，而对文本显示有不同的影响。
- 32～126（共 95 个）是字符（32 是空格），其中 48～57 为 0 到 9 十个阿拉伯数字。
- 65～90 为 26 个大写英文字母，97～122 为 26 个小写英文字母，其余为一些标点符号、运算符号等。
- 在标准 ASCII 码中，最高位（b7）用作奇偶校验位。奇偶校验，是指在代码传送过程中用来检验是否出现错误的一种方法，一般分奇校验和偶校验两种。奇校验规定：正确的代码一个字节中 1 的个数必须是奇数，若非奇数，则在最高位（b7）加 1；偶校验规定：正确的代码一个字节中 1 的个数必须是偶数，若非偶数，则在最高位（b7）加 1。
- 后 128 个称为扩展 ASCII 码。许多基于 x86 的系统都支持使用扩展(或“高”)ASCII。扩展 ASCII 码允许将每个字符的第 8 位用于确定附加的 128 个特殊符号字符、外来语字母和图形符号。

ASCII 字符集标准表详见附录 A。需要注意的是，数字的 ASCII 码<大写字母的 ASCII 码<小写字母的 ASCII 码。

5.1.2 GB2312 和 GB18030 字符集

GB2312 和 GB18030 字符集是由中国制定的汉字编码字符集，GB 代表国标，2312 和 18030 分别表示标准编号。

GB2312 的中文名称是《信息交换用汉字编码字符集》，它是由中国国家标准总局在 1980 年发布并于 1981 年 5 月 1 日开始实施的一套国家标准，标准号是 GB2312—1980。GB2312 编码适用于汉字处理、汉字通信等系统之间的信息交换，通行于中国大陆，中国大陆几乎所有的中文系统和国际化的软件都支持 GB2312。GB2312 基本集共收入汉字 6763 个（其中一级汉字 3755 个，二级汉字 3008 个），非汉字图形字符 682 个。整个 GB2312 字符集分成 94 个区，每区有 94 个位，每个区位上只有一个字符，因此可用所在的区和位来对汉字进行编码，称为区位码。把换算成十六进制的区位码加上 2020H，就得到国标码，把国标码加上 8080H，就得到了常用的计算机机内码。1995 年中国国家标准总局又颁布了《汉字编码扩展规范》（GBK）。GBK 与 GB2312—1980 国家标准所对应的内码标准兼容，同时在字汇一级支持 ISO/IEC10646—1 和 GB13000—1 的全部中、日、韩（CJK）汉字，共计 20 902 个字。

GB18030 的中文名称是《信息技术中文编码字符集》，是我国继 GB2312—1980 和 GB13000.1—1993 之后最重要的汉字编码标准，是我国计算机系统必须遵循的基础性标准之一。GB18030 有两个版本：GB18030—2000 和 GB18030—2005。GB18030—2000 是 GBK

的取代版本，它的主要特点是在 GBK 基础上增加了 CJK 统一汉字扩充 A 的汉字。GB18030—2005 的主要特点是在 GB18030—2000 基础上增加了 CJK 统一汉字扩充 B 的汉字。

5.1.3 Big5 字符集

Big5 码，又称为大五码，是繁体中文社区中最常用的电脑汉字字符集标准，共收录 13060 个汉字。倚天中文系统、Windows 繁体中文版等主要系统的字符集都是以 Big5 为基准的，但厂商又各自增加了不同的造字与造字区，派生出多种不同版本。2003 年，Big5 被收录到 CNS11643 中文标准交换码的附录当中，获取了较正式的地位，这个最新版本称为 Big5—2003。

Big5 码是一套双字节字符集，使用了双八码存储方法，以两个字节来存放一个字。第一个字节称为“高位字节”，第二个字节称为“低位字节”。“高位字节”使用了 0x81-0xFE，“低位字节”使用了 0x40-0x7E 及 0xA1-0xFE。因为低比特字符包含了编程语言中字符串或命令常会用到的特殊字符，例如 0x5C “\”、0x7C “|” 等。“\” 在许多用途的字符串中当作转义符号（转义字符），例如\n（换行）、\r（归位）、\t（tab）、\\（\本身符号）、\"（引号）等。而“|” 在 UNIX 操作系统中大多当作命令管线使用，如“ls -la | more” 等。如果在字符串中有这些特殊的转义字符，那么它们会被程序或解释器解释为特殊用途。但是因为是中文，故无法正确解释为上面所述的行为，因此程序可能会忽略此转义符号或是中断运行。

5.1.4 Unicode 字符集

Unicode 是计算机科学领域里的一项业界标准，包括字符集、编码方案等。Unicode 是为了解决传统的字符编码方案的局限而产生的，它为每种语言中的每个字符设定了统一且唯一的二进制编码，以满足跨语言、跨平台进行文本转换、处理的要求。Unicode 于 1990 年开始研发，在 1994 年正式发布。

Unicode 通常用两个字节表示一个字符，原有的英文编码从单字节变成双字节，只需要把高字节全部填为 0 即可。因为 Python 的诞生比 Unicode 标准发布的时间还要早，所以最早的 Python 只支持 ASCII 编码，普通的字符串 ABC 在 Python 内部都是使用 ASCII 编码的。

在表示一个 Unicode 的字符时，通常会用“U+”然后紧接着一组十六进制的数字来表示这一个字符。在基本多文种平面（英文为 Basic Multilingual Plane，简写为 BMP，它又简称为零号平面，plane 0）里的所有字符，要用四位十六进制数（例如 U+4AE0，共支持六万多个字符），在零号平面以外的字符则需要使用五位或六位十六进制数了。旧版的 Unicode 标准使用相近的标记方法，但却有些差异：在 Unicode 3.0 中使用“U-”然后紧接着八位数，而“U+”则必须随后紧接着四位数。

在 Unicode 中有很多方式将数字 23383 表示成程序中的数据，包括 UTF-8、UTF-16、UTF-32。UTF 是 Unicode Transformation Format 的缩写，可以翻译成 Unicode 字符集转换格式，即怎样将 Unicode 定义的数字转换成程序数据。

例如，“汉字”对应的数字是 0x6c49 和 0x5b57，而编码的程序数据是：

```
   Char        data_utf8[]={0xE6,0xB2,0x94,0xE5,0xAD,0x97};  //UTF-8 编码
   char16_t    data_utf16[]={0x6C49,0x5B57};                 //UTF-16 编码
   char32_t    data_utf32[]={0x00006C49,0x00005B57};         //UTF-32 编码
```

这里用 char、char16_t、char32_t 分别表示无符号 8 位整数，无符号 16 位整数和无符号 32 位整数。UTF-8、UTF-16、UTF-32 分别以 char、char16_t、char32_t 作为编码单位。根据字节序的不同，UTF-16 可以被实现为 UTF-16LE 或 UTF-16BE，UTF-32 可以被实现为 UTF-32LE 或 UTF-32BE。

5.2 字符串

字符串是由数字、字母、下画线组成的一串字符，在编程语言中表示文本的数据类型。在 Python 2.X 中，普通字符串是以 8 位 ASCII 码进行存储的，而 Unicode 字符串则以 16 位 Unicode 编码存储，这样能够表示更多的字符集，使用时需要在字符串前面加上前缀 u。在 Python 3.X 中所有的字符串都使用 Unicode 编码存储。

声明字符串可以使用单引号“'”或双引号“"”，Python 中典型的字符串赋值语句如下：

```
str='你好，Python'
```

Python 不支持单字符类型，单字符在 Python 中也是作为一个字符串使用的。要获取字符串中的一部分，可以使用中括号“[]”来截取字符串，例如：

```
string="Hello world"
print(string[0:5])
```

上述代码的运行结果如图 5-1 所示。

```
管理员: 命令提示符 - python
C:\Users\Administrator\.spyder-py3>python
Python 3.7.2 (tags/v3.7.2:9a3ffc0492, Dec 23 2018, 23:09:28) [MSC v.1916 64 bit
(AMD64)] on win32
Type "help", "copyright", "credits" or "license" for more information.
>>> string="Hello world"
>>> print(string[0:5])
Hello
>>>
```

图 5-1　获取字符串中的一部分

字符串支持截取、连接、重复输出等操作，Python 中字符串支持的操作运算符如表 5-1 所示。

表 5-1　Python 中字符串支持的操作运算符

运 算 符	描　述
+	字符串连接，例如 Hello+world 输出 Helloworld
*	重复输出字符串，例如 Hello*2 输出 HelloHello
[]	通过下标获取字符串中的单个字符
[:]	获取字符串的一部分，遵循左闭右开原则，例如 str[0:2]不包含第 3 个字符
In	成员运算符，如果字符串中包含给定的字符则返回 True
not in	成员运算符，如果字符串中不包含给定的字符则返回 True
r/R	原始字符串，所有的字符串都直接按照字面的意思来使用
%	格式化字符串

在字符串中使用特殊字符需要用到转义字符，Python 使用反斜杠"\"对字符进行转义。Python 中用于转义的字符如表 5-2 所示。

表 5-2　Python 中用于转义的字符

转义字符	描　述
\	在行尾用作续行符
\\	反斜杠符号
\'	单引号
\"	双引号
\a	响铃
\b	退格（删除）
\e	转义
\000	空
\n	换行
\v	纵向制表符
\t	横向制表符
\r	回车
\f	换页
\oyy	八进制数，yy 代表的字符，例如：\o12 代表换行
\xyy	十六进制数，yy 代表的字符，例如：\x0a 代表换行
\other	其他的字符以普通格式输出

Python 支持格式化输出字符串，目的是将需要输出的字符串按照预先设定的格式显示。例如：

```
print("%s 今年%d 岁了!" % ('小明', 10))
```

上述代码的运行结果如图 5-2 所示。

```
管理员: 命令提示符 - python
C:\Users\Administrator\.spyder-py3>python
Python 3.7.2 (tags/v3.7.2:9a3ffc0492, Dec 23 2018, 23:09:28) [MSC v.1916 64 bit
(AMD64)] on win32
Type "help", "copyright", "credits" or "license" for more information.
>>> print("%s今年%d岁了!" % ('小明', 10))
小明今年10岁了!
>>>
```

图 5-2　格式化输出字符串

Python 中用于格式化输出字符串的符号共有 13 个，如表 5-3 所示。

表 5-3　Python 中用于格式化输出字符串的符号

符　号	描　述
%c	格式化字符及其 ASCII 码
%s	格式化字符串
%d	格式化整数
%u	格式化无符号整数
%o	格式化无符号八进制数
%x	格式化无符号十六进制数
%X	格式化无符号十六进制数（大写）
%f	格式化浮点数字，可指定小数点后的精度
%e	用科学计数法格式化浮点数
%E	作用同%e，用科学计数法格式化浮点数
%g	%f 和%e 的简写
%G	%f 和%E 的简写
%p	用十六进制数格式化变量的地址

与 PHP 语言类似，Python 也提供了很多字符串相关操作的函数，常用的字符串函数如表 5-4 所示。

表 5-4　Python 常用的字符串函数

函　数	描　述
title()	返回将原字符串中单词首字母大写的新字符串
istitle()	判断字符串中的单词首字母是否大写
capitalize()	返回将整个字符串的首字母大写的新字符串
lower()、upper()	返回字符串的小写、大写后的新字符串

（续表）

函　数	描　述
swapcase()	返回字符串的大小写互换后的新字符串
islower()、isupper()	判断字符串是否全部为小写、大写
strip()、lstrip()、rstrip()	删除字符串首尾、左部或右部的空白，空白包括空格、制表符、换行符等
ljust()、rjust()、center()	打印指定数目的字符，若字符串本身长度不足，则在其左部、右部或者两端用指定的字符补齐
startswith()、endswith()	判断原字符串是否以指定的字符串开始或结束
isnumeric()、isdigit()、isdecimal()	判断字符串是否为数字、整数、十进制数字
find()、rfind()	在字符串中查找指定字符串第一次出现的位置，方向分别为从左和从右
split()	按照指定的字符将字符串分割成词，并返回列表
splitlines()	按照换行符将文本分割成行
count()	统计指定字符串在整个字符串中出现的次数
format()	用指定的参数格式化原字符串中的占位符

上述字符串函数的示例代码如下：

```
msg="this is a test STRING.\n"
msg.title()
msg.capitalize()
msg.istitle()
msg.title().istitle()
msg.lower()
msg.upper()
msg.swapcase()
msg.islower()
msg.isupper()
msg.strip()
msg.lstrip()
msg.rstrip()
msg.ljust(20,'=')
msg.rjust(20,'=')
msg.center(20,'=')
msg.startswith('th')
msg.endswith('ING.')
'111'.isnumeric()
'111'.isdigit()
'111'.isdecimal()
msg.find('is')
msg.rfind('is')
msg.split(' ')
msg.count('t')
```

上述代码的运行结果如图 5-3 所示。

```
管理员: 命令提示符 - python

C:\Users\Administrator\.spyder-py3>python
Python 3.7.2 (tags/v3.7.2:9a3ffc0492, Dec 23 2018, 23:09:28) [MSC v.1916 64 bit
(AMD64)] on win32
Type "help", "copyright", "credits" or "license" for more information.
>>> msg="this is a test STRING.\n"
>>> msg.title()
'This Is A Test String.\n'
>>> msg.capitalize()
'This is a test string.\n'
>>> msg.istitle()
False
>>> msg.title().istitle()
True
>>> msg.lower()
'this is a test string.\n'
>>> msg.upper()
'THIS IS A TEST STRING.\n'
>>> msg.swapcase()
'THIS IS A TEST string.\n'
>>> msg.islower()
False
>>> msg.isupper()
False
>>> msg.strip()
'this is a test STRING.'
>>> msg.lstrip()
'this is a test STRING.\n'
>>> msg.rstrip()
'this is a test STRING.'
>>> msg.ljust(20,'=')
'this is a test STRING.\n'
>>> msg.rjust(20,'=')
'this is a test STRING.\n'
>>> msg.center(20,'=')
'this is a test STRING.\n'
>>> msg.startswith('th')
True
>>> msg.endswith('ING.')
False
>>> '111'.isnumeric()
True
>>> '111'.isdigit()
True
>>> '111'.isdecimal()
True
>>> msg.find('is')
2
>>> msg.rfind('is')
5
>>> msg.split(' ')
['this', 'is', 'a', 'test', 'STRING.\n']
>>> msg.count('t')
3
>>>
```

图 5-3　Python 常用字符串函数的运行结果

5.3 正则表达式

正则表达式，又称规则表达式（Regular Expression），是使用单个字符串来描述、匹配某个句法规则的字符串，常被用来检索、替换那些符合某个模式（规则）的文本。最初的正则表达式出现于理论计算机科学的自动控制理论和形式化语言理论中。1950年，数学家斯蒂芬·科尔·克莱尼利用称之为“正则集合”的数学符号来描述此模型。肯·汤普逊将此符号系统引入编辑器QED，随后是UNIX上的编辑器ed，并最终引入grep。自此以后，正则表达式被广泛地应用于各种UNIX或类UNIX系统的工具中。目前，许多程序设计语言都支持利用正则表达式进行字符串操作。

一个正则表达式通常被称为一个模式（pattern），是用来描述或者匹配一系列匹配某个句法规则的字符串。例如 Polish、Spanish 和 Swedish 这三个字符串，都可以由（Pol|Span|Swed）ish 这个模式来描述。大部分正则表达式的形式都有如下的结构。

1. 选择

竖线“|”表示选择，具有最低优先级，例如center|centre可以匹配center或centre。

2. 数量限定

字符后的数量限定符用来限定前面这个字符允许出现的个数。最常见的数量限定符包括“+”“?”和“*”(不加数量限定则代表出现一次且仅出现一次)：

- ◆ 加号“+”代表前面的字符必须至少出现一次（一次或多次），例如goo+gle可以匹配google、gooogle、goooogle等。
- ◆ 问号“?”代表前面的字符最多只可以出现一次（零次或一次），例如colou?r可以匹配color或者colour。
- ◆ 星号“*”代表前面的字符可以不出现，也可以出现一次或者多次（零次、一次或多次），例如0*42可以匹配42、042、0042、00042等。

3. 匹配

成对的小括号“()”用来定义操作符的范围和优先度，例如gr(a|e)y等效于gray|grey，(grand)?father匹配father和grandfather。

正则表达式中除了上述的几种特殊字符外，还使用了一些特殊的方式表示匹配的模式，常用的特殊字符及含义如表5-5所示。

表 5-5 正则表达式常用的特殊字符及含义

<table>
<tr><th>符 号</th><th>描 述</th></tr>
<tr><td>\</td><td>将下一个字符标记为一个特殊字符、一个原义字符（Identity Escape，有“^”“$”“(”“)”“*”“+”“?”“.”“[”“\”“{”“|”共计 12 个）、一个向后引用（backreferences）或一个八进制转义符。例如“n”匹配字符“n”，“\n”匹配一个换行符，“\\”匹配“\”，“\(”则匹配“(”</td></tr>
</table>

（续表）

<table>
<tr><th>符　号</th><th>描　述</th></tr>
<tr><td>^</td><td>匹配输入字符串的开始位置。如果设置了正则表达式的多行属性，“^”也可以匹配“\n”或“\r”之后的位置</td></tr>
<tr><td>$</td><td>匹配输入字符串的结束位置。如果设置了正则表达式的多行属性，“$”也可以匹配“\n”或“\r”之前的位置</td></tr>
<tr><td>*</td><td>匹配前面的子表达式零次或多次。例如“zo*”能匹配“z”“zo”以及“zoo”，“*”等效于“{0,}”</td></tr>
<tr><td>+</td><td>匹配前面的子表达式一次或多次。例如“zo+”能匹配“zo”以及“zoo”，但不能匹配“z”，“+”等效于“{1,}”</td></tr>
<tr><td>?</td><td>匹配前面的子表达式零次或一次。例如“do(es)?”可以匹配“do”或“does”中的“do”，“?”等效于“{0,1}”</td></tr>
<tr><td>{n}</td><td>n 是一个非负整数，匹配确定的 n 次。例如“o{2}”不能匹配“Bob”中的“o”，但是能匹配“food”中的两个 o</td></tr>
<tr><td>{n,}</td><td>n 是一个非负整数，至少匹配 n 次。例如“o{2,}”不能匹配“Bob”中的“o”，但能匹配“foooood”中的所有 o，“o{1,}”等效于“o+”，“o{0,}”则等效于“o*”</td></tr>
<tr><td>{n,m}</td><td><i>m</i> 和 <i>n</i> 均为非负整数，其中 <i>n</i><=<i>m</i>。最少匹配 <i>n</i> 次且最多匹配 <i>m</i> 次。例如“o{1,3}”将匹配“fooooood”中的前三个“o”，“o{0,1}”等效于“o?”。注意在逗号和两个数之间不能有空格</td></tr>
<tr><td>.</td><td>匹配除“\r”“\n”之外的任何单个字符。要匹配包括“\r”“\n”在内的任何字符，请使用“(.|\r|\n)”的模式</td></tr>
<tr><td>(?:pattern)</td><td>匹配模式但不获取匹配的子字符串，也就是说这是一个非获取匹配，不存储匹配的子字符串用于向后引用。这在使用竖线字符“|”来组合一个模式的各个部分时很有用。例如“industr(?:y|ies)”就是一个比“industry|industries”更简略的表达式</td></tr>
<tr><td>(?=pattern)</td><td>正向肯定断言，在任何匹配 pattern 的字符串开始处匹配查找字符串。这是一个非获取匹配。例如“Windows(?=95|98|NT|2000)”能匹配“Windows2000”中的“Windows”，但不能匹配“Windows3.1”中的“Windows”。断言不消耗字符，即在一个匹配发生后，在最后一次匹配之后立即开始下一次匹配的搜索，而不是从包含断言的字符之后开始</td></tr>
<tr><td>x|y</td><td>没有包围在()里，其范围是整个正则表达式。例如“z|food”匹配“z”或“food”，“(?:z|f)ood”则匹配“zood”或“food”</td></tr>
<tr><td>[xyz]</td><td>字符集合，匹配所包含的任意一个字符。例如“[abc]”可以匹配“plain”中的“a”。特殊字符仅有反斜线“\”保持特殊含义，用于转义字符。其他特殊字符如星号、加号、各种括号等均作为普通字符。脱字符“^”如果出现在首位则表示负值字符集合；如果出现在字符串中间就仅作为普通字符。连字符“-”如果出现在字符串中间表示字符范围描述；如果出现在首位（或末尾）则仅作为普通字符。右方括号应转义出现，也可以作为首位字符出现</td></tr>
<tr><td>[a-z]</td><td>字符范围，匹配指定范围内的任意字符。例如“[a-z]”可以匹配“a”到“z”范围内的任意小写字母字符</td></tr>
<tr><td>\b</td><td>匹配一个单词边界，也就是指单词和空格间的位置。例如“er\b”可以匹配“never”中的“er”，但不能匹配“verb”中的“er”</td></tr>
<tr><td>\B</td><td>匹配非单词边界。例如“er\B”能匹配“verb”中的“er”，但不能匹配“never”中的“er”</td></tr>
<tr><td>\cx</td><td>匹配控制字符。x 必须为 A（a）到 Z（z）。否则，将 c 视为一个原义的“c”字符。控制字符的值等于 x 的值，但最低为 5 比特（即对 3210 进制的余数）。例如“\cM”匹配一个“Control-M”或回车符。“\ca”等效于“\u0001”，“\cb”等效于“\u0002”</td></tr>
<tr><td>\d</td><td>匹配一个数字字符，等效于“[0-9]”。注意 Unicode 正则表达式会匹配全角数字字符</td></tr>
</table>

（续表）

符　　号	描　　述
\D	匹配一个非数字字符，等效于“[^0-9]”
\f	匹配一个换页符，等效于“\x0c 和\cL”
\n	匹配一个换行符，等效于“\x0a 和\cJ”
\r	匹配一个回车符，等效于“\x0d 和\cM”
\s	匹配任何空白字符，包括空格、制表符、换页符等，等效于“[\f\n\r\t\v]”。注意 Unicode 正则表达式会匹配全角空格符
\S	匹配任何非空白字符，等效于“[^\f\n\r\t\v]”
\t	匹配一个制表符，等效于“\x09 和\cI”
\v	匹配一个垂直制表符，等效于“\x0b 和\cK”
\w	匹配包括下画线的任何单词字符，等效于“[A-Za-z0-9_]”。注意 Unicode 正则表达式会匹配中文字符
\W	匹配任何非单词字符，等效于“[^A-Za-z0-9_]”
\n	标识一个八进制数转义值或一个向后引用。如果“\n”之前至少 n 个获取的子表达式，则 n 为向后引用。否则，如果 n 为八进制数字“(0-7)”，则 n 为一个八进制数转义值

表 5-5 中这些特殊字符的优先级如表 5-6 所示。

表 5-6　正则表达式特殊字符的优先级

优 先 级	符　　号
最高	“\”
高	“()”“(?:)”“(?=)”“[]”
中	“*”“+”“?”“{n}”“{n,}”“{n,m}”
低	“^”“$”“中介字符”
次最低	串接，即相邻字符连接在一起
最低	“|”

在 Python 中可以通过 re 模块使用正则表达式，例如：

```
import re

str = '<span>abcd</span><span>abcdef</span>'
pattern = '<span>.*</span>'
p = re.compile(pattern)
match = re.search(p, str)
print(match.group(0))
```

上述代码的运行结果如图 5-4 所示。

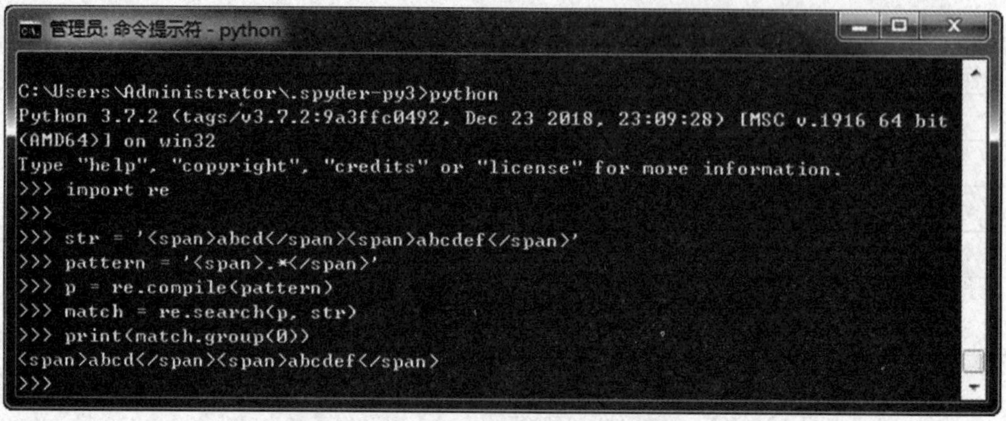

```
管理员: 命令提示符 - python

C:\Users\Administrator\.spyder-py3>python
Python 3.7.2 (tags/v3.7.2:9a3ffc0492, Dec 23 2018, 23:09:28) [MSC v.1916 64 bit
(AMD64)] on win32
Type "help", "copyright", "credits" or "license" for more information.
>>> import re
>>>
>>> str = '<span>abcd</span><span>abcdef</span>'
>>> pattern = '<span>.*</span>'
>>> p = re.compile(pattern)
>>> match = re.search(p, str)
>>> print(match.group(0))
<span>abcd</span><span>abcdef</span>
>>>
```

图 5-4　Python 中使用正则表达式（“贪婪模式”）

在正则表达式中使用“*”匹配字符串默认是匹配到串的结尾，即所谓的“贪婪模式”。如果只想匹配到第一个符合条件的子字符串就停止，需要切换为“非贪婪模式”，方法是在“*”之后使用“?”，例如：

```
import re

str = '<span>abcd</span><span>abcdef</span>'
pattern = '<span>.*?</span>'
p = re.compile(pattern)
match = re.search(p, str)
print(match.group(0))
```

上述代码的运行结果如图 5-5 所示。

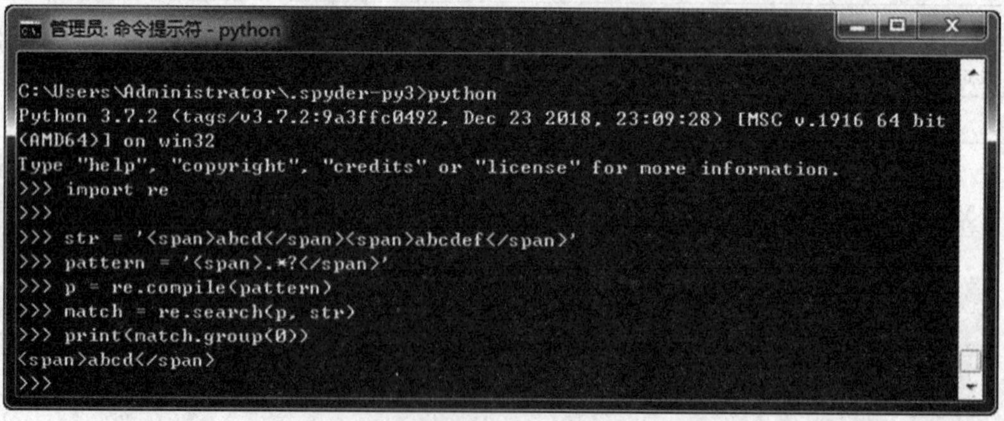

```
管理员: 命令提示符 - python

C:\Users\Administrator\.spyder-py3>python
Python 3.7.2 (tags/v3.7.2:9a3ffc0492, Dec 23 2018, 23:09:28) [MSC v.1916 64 bit
(AMD64)] on win32
Type "help", "copyright", "credits" or "license" for more information.
>>> import re
>>>
>>> str = '<span>abcd</span><span>abcdef</span>'
>>> pattern = '<span>.*?</span>'
>>> p = re.compile(pattern)
>>> match = re.search(p, str)
>>> print(match.group(0))
<span>abcd</span>
>>>
```

图 5-5　Python 中使用正则表达式（“非贪婪模式”）

可见，“贪婪模式”在整个表达式匹配成功的前提下，尽可能多地匹配；而“非贪婪模式”在整个表达式匹配成功的前提下，尽可能少地匹配。“贪婪模式”与“非贪婪模式”影响的是被量词修饰的子表达式的匹配行为。

Python 中正则表达式常用的方法如表 5-7 所示。

表 5-7　正则表达式常用的方法

方　法	描　述
compile()	编译正则表达式模式，返回一个对象的模式
match()	决定正则表达式对象是否在字符串最开始的位置匹配。注意：该方法不是完全匹配。当模式结束时若原字符串还有剩余字符，仍然视为成功。想要完全匹配，可以在表达式末尾加上边界匹配符“$”
search()	在字符串内查找模式匹配，只要找到第一个匹配然后返回，如果字符串没有匹配，则返回“None”
findall()	遍历匹配，可以获取字符串中所有匹配的字符串，返回一个列表
finditer()	返回一个顺序访问每一个匹配结果的迭代器，该方法将找到匹配正则表达式的所有子串
split()	按照能够匹配的子串将原字符串分割后返回列表
sub()	替换原字符串中每一个匹配的子串后返回替换后的字符串
subn()	返回“sub()”方法执行后的替换次数
flags()	正则表达式编译时设置的标志
pattern()	正则表达式编译时使用的字符串

★练一练★

1. 常用的字符集有哪些？其中哪些可以用作简体中文的编码和显示？
2. 什么是字符串转义？Python 怎样格式化输出字符串？
3. 什么是正则表达式？正则表达式的“贪婪模式”和“非贪婪模式”有什么区别？

6 列表、元组、集合与字典

为了便于程序处理，主流编程语言均提供了集合型数据类型，如 C#有数组和 List，Java 有 Map、Set、List 等，PHP 有 array。Python 中的集合型数据类型主要有列表、元组、集合与字典四种。

6.1 列表

列表是 Python 中的一种序列型数据结构，其中的每个元素都有自己的位置，称为下标或索引。列表中不同的下标指向了不同的元素，第一个下标值从“0”开始，最后一个下标值是列表的元素个数减一。

定义列表使用成对的中括号“[]”，其中元素之间使用逗号“,”分隔，列表中各个元素的数据类型可以不同，例如：

```
list1 = ['a', 'b', 2000, 2019]
list2 = [1, 2, 3, 4, 5 ]
```

访问列表中的元素需要使用下标，例如“list1[1]”表示取得“list1”中的第二个元素，即字符串“b”。获取列表中连续的元素可以使用下标范围的方式，例如：

```
print(list2[1:3])
```

注意，Python 中所有基于范围的语法都遵循“左闭右开”原则，即起始下标对应的元素被包含在内，范围内最后一个元素是结束下标对应的元素之前的元素。因此上述代码的运行结果如图 6-1 所示。

```
管理员: 命令提示符 - python
C:\Users\Administrator\.spyder-py3>python
Python 3.7.2 (tags/v3.7.2:9a3ffc0492, Dec 23 2018, 23:09:28) [MSC v.1916 64 bit
(AMD64)] on win32
Type "help", "copyright", "credits" or "license" for more information.
>>> list1 = ['a', 'b', 2000, 2019];
>>> list2 = [1, 2, 3, 4, 5 ];
>>> print(list2[1:3])
[2, 3]
>>>
```

图 6-1　获取列表 list2 中连续的元素

可见，“list2[3]”对应的元素是“4”，使用“list2[1:3]”方式获取到的实际上只有“2”和“3”两个元素。要取得列表的最后两个元素，可以使用这个代码：

```
print(list2[-2:])
```

上述代码的运行结果如图 6-2 所示。

```
管理员: 命令提示符 - python
Python 3.7.2 (tags/v3.7.2:9a3ffc0492, Dec 23 2018, 23:09:28) [MSC v.1916 64 bit
(AMD64)] on win32
Type "help", "copyright", "credits" or "license" for more information.
>>> list1 = ['a', 'b', 2000, 2019];
>>> list2 = [1, 2, 3, 4, 5 ];
>>> print(list2[1:3])
[2, 3]
>>> print(list2[-2:])
[4, 5]
>>>
```

图 6-2　获取列表 list2 中最后两个元素

修改列表中元素的值可以通过对对应下标的元素重新赋值的方式实现，例如：

```
list2[2] = 6
print(list2)
```

上述代码的运行结果如图 6-3 所示。

```
管理员: 命令提示符 - python
C:\Users\Administrator\.spyder-py3>python
Python 3.7.2 (tags/v3.7.2:9a3ffc0492, Dec 23 2018, 23:09:28) [MSC v.1916 64 bit
(AMD64)] on win32
Type "help", "copyright", "credits" or "license" for more information.
>>> list1 = ['a', 'b', 2000, 2019];
>>> list2 = [1, 2, 3, 4, 5 ];
>>> print(list2[1:3])
[2, 3]
>>> print(list2[-2:])
[4, 5]
>>> list2[2] = 6
>>> print(list2)
[1, 2, 6, 4, 5]
>>>
```

图 6-3　修改列表 list2 中第三个元素的值

与获取连续的元素相似，修改连续的元素的值也可以使用下标范围的方式，例如：

```
list2[2:4] = ['C', 'D', 'E']
print(list2)
```

上述代码的运行结果如图 6-4 所示。

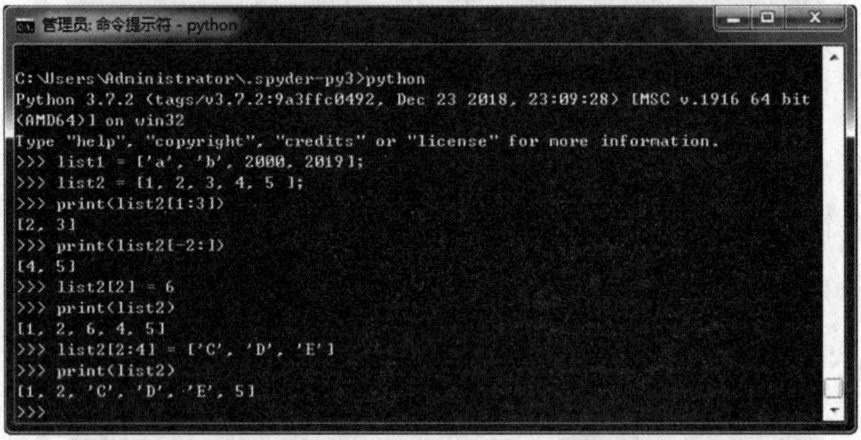

```
管理员: 命令提示符 - python

C:\Users\Administrator\.spyder-py3>python
Python 3.7.2 (tags/v3.7.2:9a3ffc0492, Dec 23 2018, 23:09:28) [MSC v.1916 64 bit
(AMD64)] on win32
Type "help", "copyright", "credits" or "license" for more information.
>>> list1 = ['a', 'b', 2000, 2019];
>>> list2 = [1, 2, 3, 4, 5 ];
>>> print(list2[1:3])
[2, 3]
>>> print(list2[-2:])
[4, 5]
>>> list2[2] = 6
>>> print(list2)
[1, 2, 6, 4, 5]
>>> list2[2:4] = ['C', 'D', 'E']
>>> print(list2)
[1, 2, 'C', 'D', 'E', 5]
>>>
```

图 6-4　修改列表 list2 中第三个元素开始的连续三个元素的值

注意，这里使用下标范围的方式依然遵循“左闭右开”原则，“2:4”实际上修改的是第三、第四两个元素，但新值有“C”“D”“E”三个字符串，因此最终结果是将 list2 的第三、第四两个元素替换为了三个元素。

类似地，也可以使用下标范围的方式删除列表中的元素，例如：

```
list2[3:4] = []
print(list2)
```

上述代码的运行结果如图 6-5 所示。

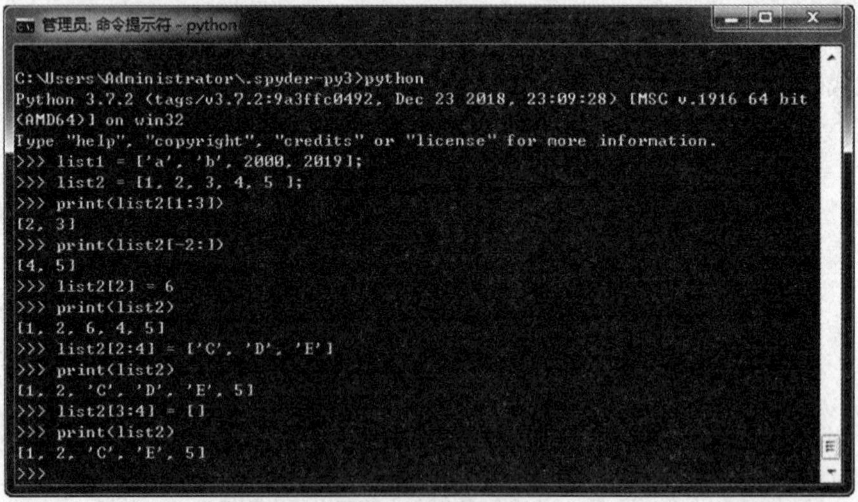

```
管理员: 命令提示符 - python

C:\Users\Administrator\.spyder-py3>python
Python 3.7.2 (tags/v3.7.2:9a3ffc0492, Dec 23 2018, 23:09:28) [MSC v.1916 64 bit
(AMD64)] on win32
Type "help", "copyright", "credits" or "license" for more information.
>>> list1 = ['a', 'b', 2000, 2019];
>>> list2 = [1, 2, 3, 4, 5 ];
>>> print(list2[1:3])
[2, 3]
>>> print(list2[-2:])
[4, 5]
>>> list2[2] = 6
>>> print(list2)
[1, 2, 6, 4, 5]
>>> list2[2:4] = ['C', 'D', 'E']
>>> print(list2)
[1, 2, 'C', 'D', 'E', 5]
>>> list2[3:4] = []
>>> print(list2)
[1, 2, 'C', 'E', 5]
>>>
```

图 6-5　删除列表 list2 中第四个元素

以此类推，清空整个列表可以使用

```
list2[:] = []
```

列表也支持嵌套，例如：

```
a = ['a', 'b', 'c']
b = [1, 2, 3]
x = [a, b]
print(x)
```

上述代码的运行结果如图 6-6 所示。

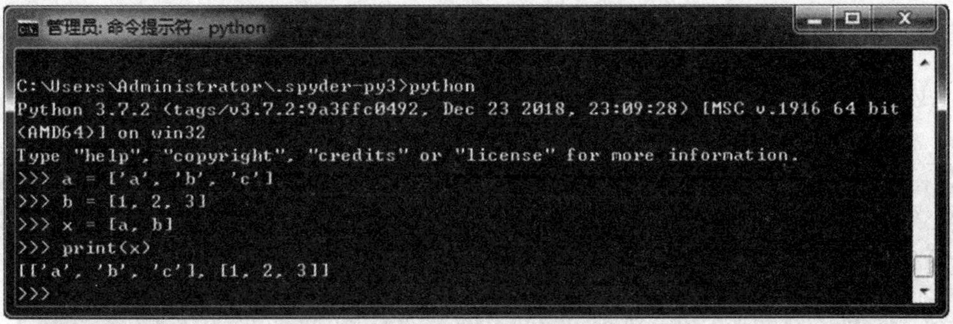

```
管理员: 命令提示符 - python
C:\Users\Administrator\.spyder-py3>python
Python 3.7.2 (tags/v3.7.2:9a3ffc0492, Dec 23 2018, 23:09:28) [MSC v.1916 64 bit
(AMD64)] on win32
Type "help", "copyright", "credits" or "license" for more information.
>>> a = ['a', 'b', 'c']
>>> b = [1, 2, 3]
>>> x = [a, b]
>>> print(x)
[['a', 'b', 'c'], [1, 2, 3]]
>>>
```

图 6-6　列表中嵌套列表

删除列表可以使用 del 语句，例如：

```
a = ['a', 'b', 'c']
del a
print(a)
```

上述代码的运行结果如图 6-7 所示。

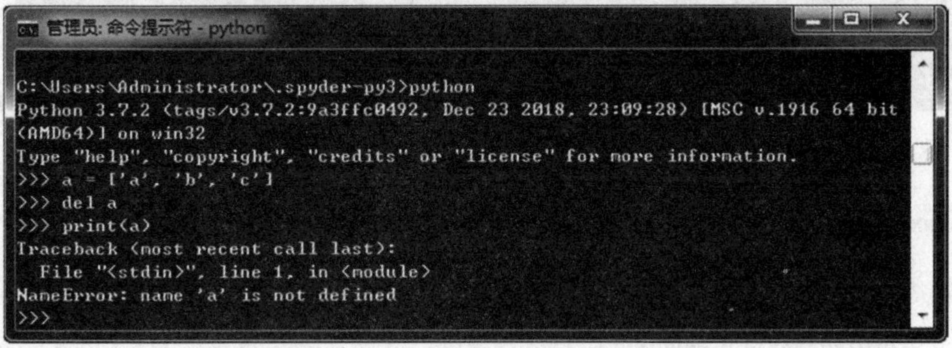

```
管理员: 命令提示符 - python
C:\Users\Administrator\.spyder-py3>python
Python 3.7.2 (tags/v3.7.2:9a3ffc0492, Dec 23 2018, 23:09:28) [MSC v.1916 64 bit
(AMD64)] on win32
Type "help", "copyright", "credits" or "license" for more information.
>>> a = ['a', 'b', 'c']
>>> del a
>>> print(a)
Traceback (most recent call last):
  File "<stdin>", line 1, in <module>
NameError: name 'a' is not defined
>>>
```

图 6-7　删除列表

可见执行了删除列表 a 的语句后再次访问 a 将报错，报错内容意为名称 a 未定义。

与字符串相似，Python 中的常见运算符对列表也起作用，“+”“*”“in” 运算符对列表的作用如表 6-1 所示。

表 6-1 “+” “*” “in” 运算符对列表的作用

运算符	表达式	结果	描述
+	[1, 2, 3] + [4, 5, 6]	[1, 2, 3, 4, 5, 6]	组合
*	['Hi!'] * 4	['Hi!', 'Hi!', 'Hi!', 'Hi!']	重复
in	3 in [1, 2, 3]	True	元素是否存在于列表中

在 Python 中可以用于列表的函数分为两类，一类是对列表本身操作，如 len()、max()、min()等。

len()函数用于统计列表中元素的个数，例如：

```
len(list2)
```

上述代码的运行结果如图 6-8 所示。

```
管理员: 命令提示符 - python
C:\Users\Administrator\.spyder-py3>python
Python 3.7.2 (tags/v3.7.2:9a3ffc0492, Dec 23 2018, 23:09:28) [MSC v.1916 64 bit
(AMD64)] on win32
Type "help", "copyright", "credits" or "license" for more information.
>>> list1 = ['a', 'b', 2000, 2019];
>>> list2 = [1, 2, 3, 4, 5 ];
>>> print(list2[1:3])
[2, 3]
>>> print(list2[-2:])
[4, 5]
>>> list2[2] = 6
>>> print(list2)
[1, 2, 6, 4, 5]
>>> list2[2:4] = ['C', 'D', 'E']
>>> print(list2)
[1, 2, 'C', 'D', 'E', 5]
>>> list2[3:4] = []
>>> print(list2)
[1, 2, 'C', 'E', 5]
>>> len(list2)
5
>>>
```

图 6-8 统计列表 list2 中元素个数

max()函数用于获取列表中元素的最大值，例如：

```
max(b)
```

上述代码的运行结果如图 6-9 所示。

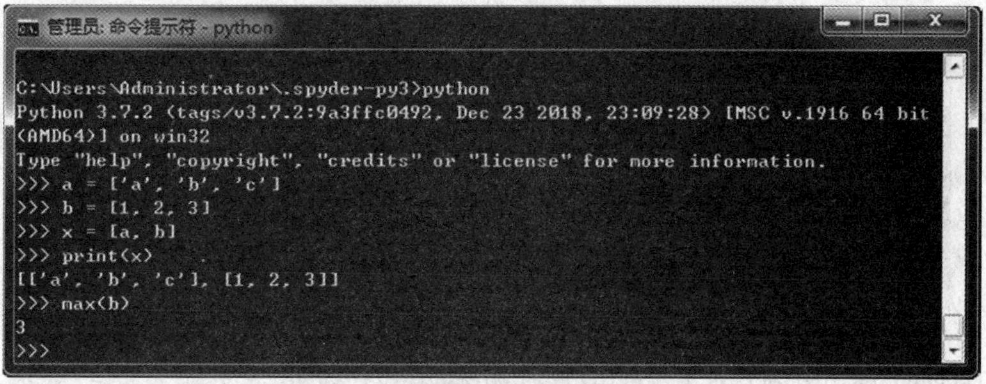
管理员: 命令提示符 - python
C:\Users\Administrator\.spyder-py3>python
Python 3.7.2 (tags/v3.7.2:9a3ffc0492, Dec 23 2018, 23:09:28) [MSC v.1916 64 bit
(AMD64)] on win32
Type "help", "copyright", "credits" or "license" for more information.
>>> a = ['a', 'b', 'c']
>>> b = [1, 2, 3]
>>> x = [a, b]
>>> print(x)
[['a', 'b', 'c'], [1, 2, 3]]
>>> max(b)
3
>>>

图 6-9　获取列表 b 中元素的最大值

min()函数用于获取列表中元素的最小值，例如：

```
min(a)
```

上述代码的运行结果如图 6-10 所示。

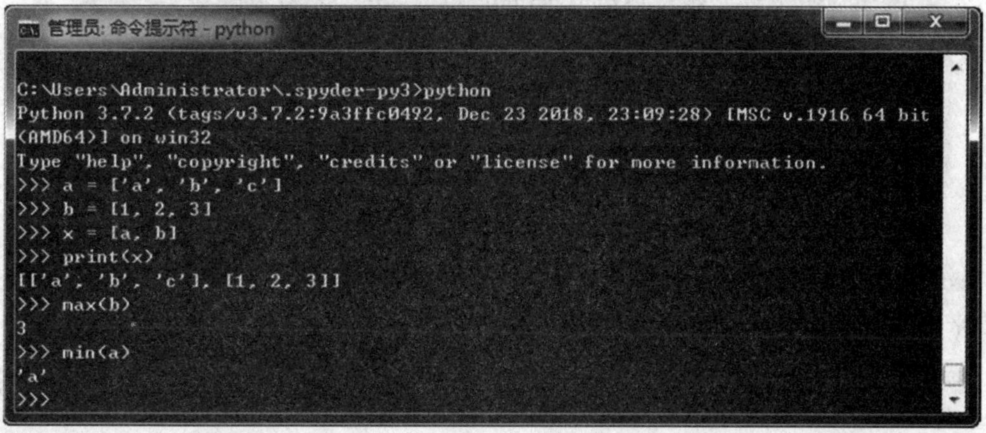
管理员: 命令提示符 - python
C:\Users\Administrator\.spyder-py3>python
Python 3.7.2 (tags/v3.7.2:9a3ffc0492, Dec 23 2018, 23:09:28) [MSC v.1916 64 bit
(AMD64)] on win32
Type "help", "copyright", "credits" or "license" for more information.
>>> a = ['a', 'b', 'c']
>>> b = [1, 2, 3]
>>> x = [a, b]
>>> print(x)
[['a', 'b', 'c'], [1, 2, 3]]
>>> max(b)
3
>>> min(a)
'a'
>>>

图 6-10　获取列表 a 中元素的最小值

另一类是列表对象本身的方法，主要有 append()、count()、extend()、index()、insert()、pop()、remove()、reverse()、copy()、clear()等。

append()方法用于在列表末尾添加新元素，例如：

```
a = ['a', 'b', 'c']
a.append('d')
print(a)
```

上述代码的运行结果如图 6-11 所示。

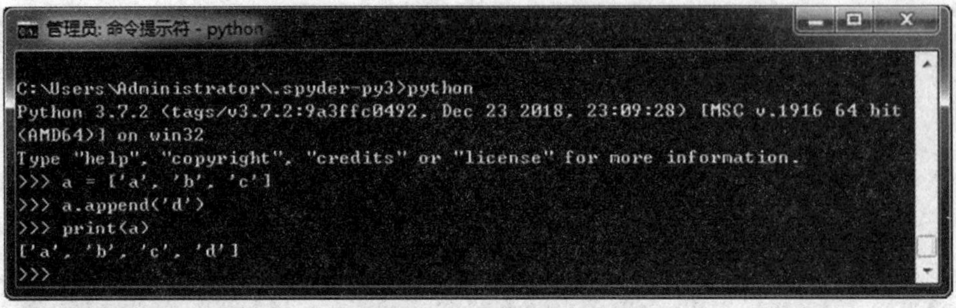

```
管理员: 命令提示符 - python
C:\Users\Administrator\.spyder-py3>python
Python 3.7.2 (tags/v3.7.2:9a3ffc0492, Dec 23 2018, 23:09:28) [MSC v.1916 64 bit
(AMD64)] on win32
Type "help", "copyright", "credits" or "license" for more information.
>>> a = ['a', 'b', 'c']
>>> a.append('d')
>>> print(a)
['a', 'b', 'c', 'd']
>>>
```

图 6-11　在列表末尾新增元素

count()方法用于统计某个元素在列表中出现的次数，例如：

```
a = ['a', 'a', 'a', 'b', 'c']
print(a.count('a'))
```

上述代码的运行结果如图 6-12 所示。

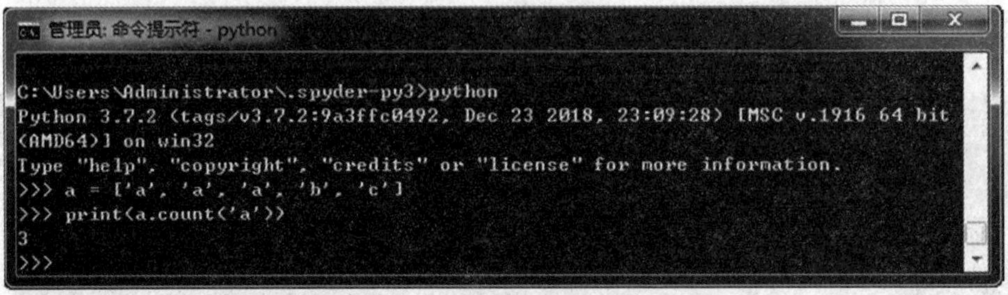

```
管理员: 命令提示符 - python
C:\Users\Administrator\.spyder-py3>python
Python 3.7.2 (tags/v3.7.2:9a3ffc0492, Dec 23 2018, 23:09:28) [MSC v.1916 64 bit
(AMD64)] on win32
Type "help", "copyright", "credits" or "license" for more information.
>>> a = ['a', 'a', 'a', 'b', 'c']
>>> print(a.count('a'))
3
>>>
```

图 6-12　统计元素 a 在列表中出现的次数

extend()方法用于在列表末尾一次性追加另一个序列中的多个值，可以实现用新列表扩展原来的列表，例如：

```
a = ['a', 'b', 'c']
b = [1, 2, 3]
a.extend(b)
print(a)
```

上述代码的运行结果如图 6-13 所示。

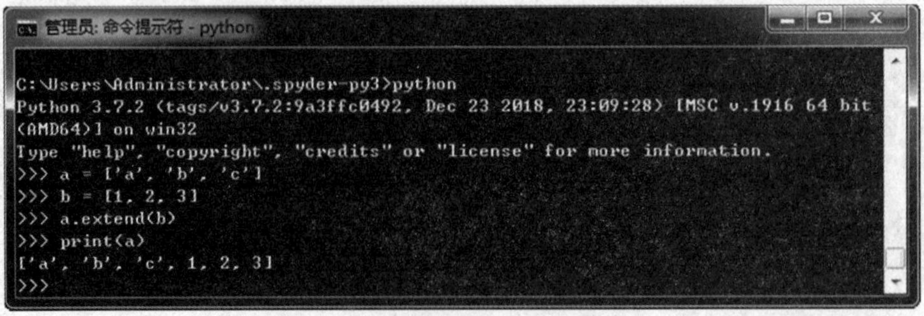

```
管理员: 命令提示符 - python
C:\Users\Administrator\.spyder-py3>python
Python 3.7.2 (tags/v3.7.2:9a3ffc0492, Dec 23 2018, 23:09:28) [MSC v.1916 64 bit
(AMD64)] on win32
Type "help", "copyright", "credits" or "license" for more information.
>>> a = ['a', 'b', 'c']
>>> b = [1, 2, 3]
>>> a.extend(b)
>>> print(a)
['a', 'b', 'c', 1, 2, 3]
>>>
```

图 6-13　将列表 b 加到 a 的尾部

index()方法用于从列表中找出某个值第一个匹配项的下标，例如：

```
a = ['a', 'b', 'a', 'b', 'b', 'a', 'b']
print(a.index('b'))
```

上述代码的运行结果如图 6-14 所示。

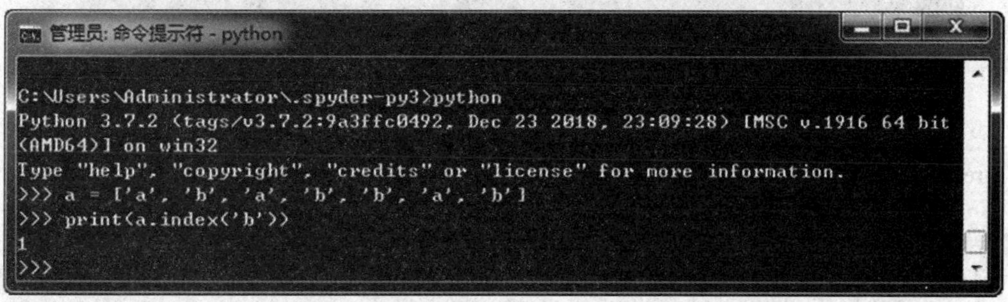

```
管理员: 命令提示符 - python
C:\Users\Administrator\.spyder-py3>python
Python 3.7.2 (tags/v3.7.2:9a3ffc0492, Dec 23 2018, 23:09:28) [MSC v.1916 64 bit
(AMD64)] on win32
Type "help", "copyright", "credits" or "license" for more information.
>>> a = ['a', 'b', 'a', 'b', 'b', 'a', 'b']
>>> print(a.index('b'))
1
>>>
```

图 6-14　从列表中找出 b 的第一个匹配项的下标

insert()方法用于在列表的指定位置插入一个新元素，例如：

```
a = ['a', 'b', 'a', 'b', 'b', 'a', 'b']
a.insert(4, 'c')
print(a)
```

上述代码的运行结果如图 6-15 所示。

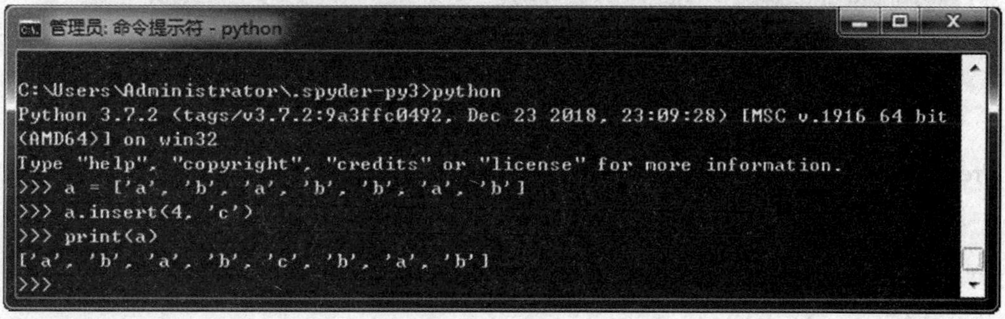

```
管理员: 命令提示符 - python
C:\Users\Administrator\.spyder-py3>python
Python 3.7.2 (tags/v3.7.2:9a3ffc0492, Dec 23 2018, 23:09:28) [MSC v.1916 64 bit
(AMD64)] on win32
Type "help", "copyright", "credits" or "license" for more information.
>>> a = ['a', 'b', 'a', 'b', 'b', 'a', 'b']
>>> a.insert(4, 'c')
>>> print(a)
['a', 'b', 'a', 'b', 'c', 'b', 'a', 'b']
>>>
```

图 6-15　在列表 a 的第 5 个位置插入元素 c

pop()方法用于从列表中移除一个元素（默认移除末尾的元素），并返回该元素的值，例如：

```
a = ['a', 'b', 'a', 'b', 'b', 'a', 'b']
print(a.pop(4))
print(a)
```

上述代码的运行结果如图 6-16 所示。

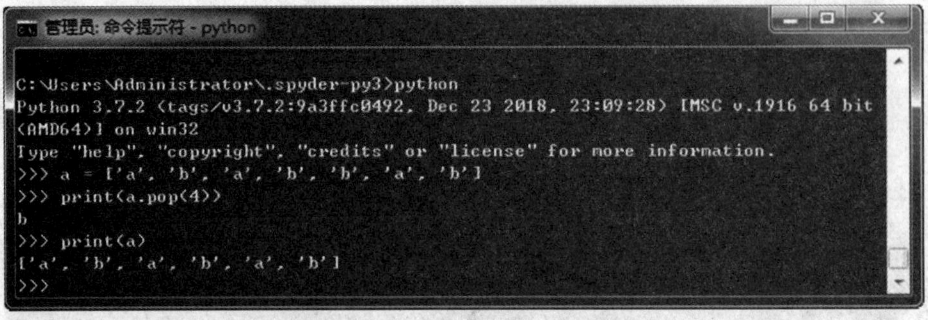
管理员: 命令提示符 - python
C:\Users\Administrator\.spyder-py3>python
Python 3.7.2 (tags/v3.7.2:9a3ffc0492, Dec 23 2018, 23:09:28) [MSC v.1916 64 bit
(AMD64)] on win32
Type "help", "copyright", "credits" or "license" for more information.
>>> a = ['a', 'b', 'a', 'b', 'b', 'a', 'b']
>>> print(a.pop(4))
b
>>> print(a)
['a', 'b', 'a', 'b', 'a', 'b']
>>>

图 6-16　从列表中移除一个元素

remove()方法用于从列表中移除某个值的第一个匹配项，例如：

```
a = ['a', 'b', 'a', 'b', 'b', 'a', 'b']
a.remove('b')
print(a)
```

上述代码的运行结果如图 6-17 所示。

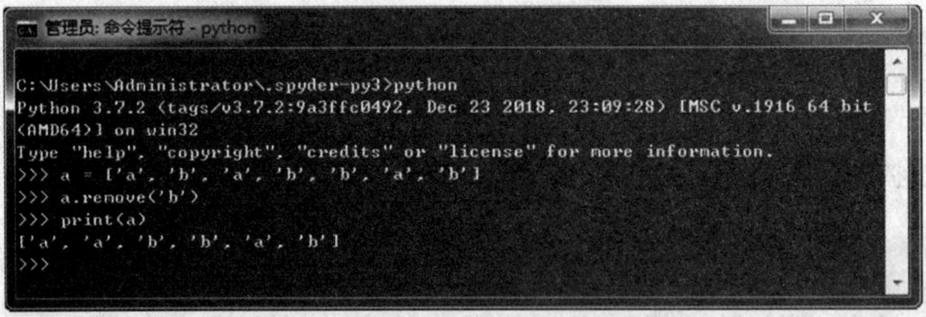
管理员: 命令提示符 - python
C:\Users\Administrator\.spyder-py3>python
Python 3.7.2 (tags/v3.7.2:9a3ffc0492, Dec 23 2018, 23:09:28) [MSC v.1916 64 bit
(AMD64)] on win32
Type "help", "copyright", "credits" or "license" for more information.
>>> a = ['a', 'b', 'a', 'b', 'b', 'a', 'b']
>>> a.remove('b')
>>> print(a)
['a', 'a', 'b', 'b', 'a', 'b']
>>>

图 6-17　从列表中移除 b 的第一个匹配项

reverse()方法用于将列表的所有元素反向排列，例如：

```
a = ['a', 'b', 'a', 'b', 'a', 'b']
a.reverse()
print(a)
```

上述代码的运行结果如图 6-18 所示。

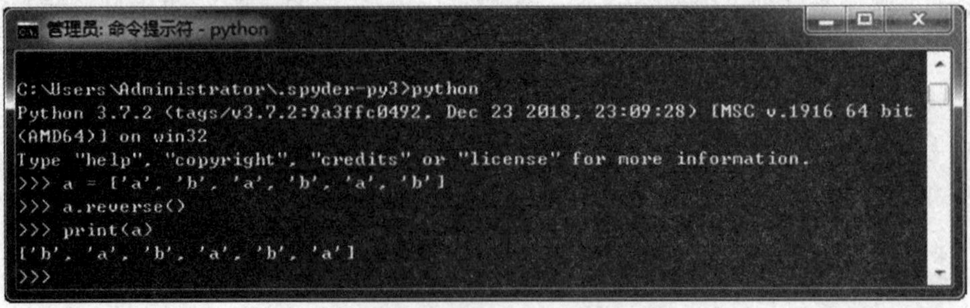
管理员: 命令提示符 - python
C:\Users\Administrator\.spyder-py3>python
Python 3.7.2 (tags/v3.7.2:9a3ffc0492, Dec 23 2018, 23:09:28) [MSC v.1916 64 bit
(AMD64)] on win32
Type "help", "copyright", "credits" or "license" for more information.
>>> a = ['a', 'b', 'a', 'b', 'a', 'b']
>>> a.reverse()
>>> print(a)
['b', 'a', 'b', 'a', 'b', 'a']
>>>

图 6-18　将列表的所有元素反向排列

copy()方法用于复制一个列表，例如：

```
a = ['a', 'b', 'a', 'b', 'a', 'b']
b = a.copy()
print(b)
```

上述代码的运行结果如图 6-19 所示。

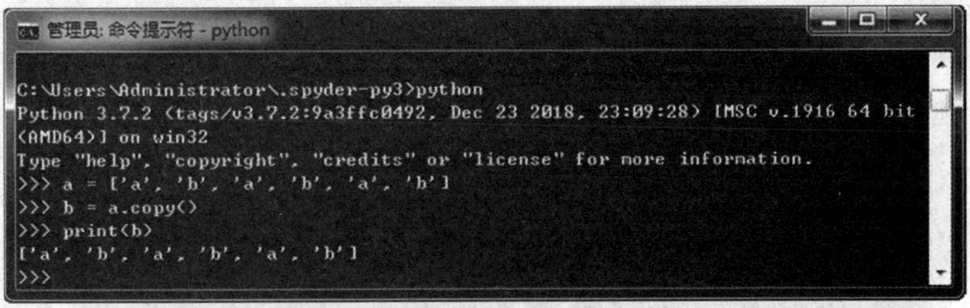

```
管理员: 命令提示符 - python
C:\Users\Administrator\.spyder-py3>python
Python 3.7.2 (tags/v3.7.2:9a3ffc0492, Dec 23 2018, 23:09:28) [MSC v.1916 64 bit
(AMD64)] on win32
Type "help", "copyright", "credits" or "license" for more information.
>>> a = ['a', 'b', 'a', 'b', 'a', 'b']
>>> b = a.copy()
>>> print(b)
['a', 'b', 'a', 'b', 'a', 'b']
>>>
```

图 6-19　复制列表

clear()方法用于清空列表，例如：

```
a = ['a', 'b', 'a', 'b', 'a', 'b']
a.clear()
print(a)
```

上述代码的运行结果如图 6-20 所示。

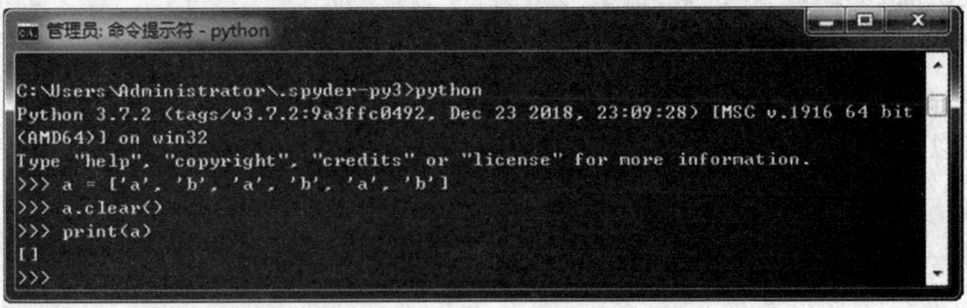

```
管理员: 命令提示符 - python
C:\Users\Administrator\.spyder-py3>python
Python 3.7.2 (tags/v3.7.2:9a3ffc0492, Dec 23 2018, 23:09:28) [MSC v.1916 64 bit
(AMD64)] on win32
Type "help", "copyright", "credits" or "license" for more information.
>>> a = ['a', 'b', 'a', 'b', 'a', 'b']
>>> a.clear()
>>> print(a)
[]
>>>
```

图 6-20　清空列表

6.2　元组

元组与列表功能相似，区别是列表中的元素可以修改，但元组中的元素不能修改。元组使用成对的小括号定义，例如：

```
tuple1 = ('a', 'b', 2000, 2019)
tuple2 = (1, 2, 3, 4, 5)
```

当元组中只有一个元素时需要在元素后加逗号，否则定义元组的小括号会被当作运算符，例如：

```
tup1 = (1)
type(tup1)          # 不加逗号，类型为整型

tup1 = (1,)
type(tup1)          # 加上逗号，类型为元组
```

上述代码的运行结果如图 6-21 所示。

```
管理员: 命令提示符 - python
C:\Users\Administrator\.spyder-py3>python
Python 3.7.2 (tags/v3.7.2:9a3ffc0492, Dec 23 2018, 23:09:28) [MSC v.1916 64 bit
(AMD64)] on win32
Type "help", "copyright", "credits" or "license" for more information.
>>> tup1 = (1)
>>> type(tup1)                    # 不加逗号，类型为整型
<class 'int'>
>>>
>>> tup1 = (1,)
>>> type(tup1)                    # 加上逗号，类型为元组
<class 'tuple'>
>>>
```

图 6-21　当元组中只有单个元素时需要在元素后加逗号

与列表相同，可以使用下标访问元组中的元素，例如：

```
tuple1 = ('a', 'b', 2000, 2019)
print(tuple1[2])
```

运行上述代码将得到元素 2000。

可以将多个元组连接组合成一个新的元组，例如：

```
tuple1 = ('a', 'b', 2000, 2019)
tuple2 = (1, 2, 3, 4, 5)
print(tuple1 + tuple2)
```

上述代码的运行结果如图 6-22 所示。

```
管理员: 命令提示符 - python
C:\Users\Administrator\.spyder-py3>python
Python 3.7.2 (tags/v3.7.2:9a3ffc0492, Dec 23 2018, 23:09:28) [MSC v.1916 64 bit
(AMD64)] on win32
Type "help", "copyright", "credits" or "license" for more information.
>>> tuple1 = ('a', 'b', 2000, 2019)
>>> tuple2 = (1, 2, 3, 4, 5)
>>> print(tuple1 + tuple2)
('a', 'b', 2000, 2019, 1, 2, 3, 4, 5)
>>>
```

图 6-22　两个元组连接组合成一个新元组

删除列表使用 del 语句，例如：

```
a = ('a', 'b', 'c')
del a
```

“+”“*”“in”等运算符对元组同样起作用，效果与列表类似；len()、max()、min()等函数对元组的作用也与列表类似，此处均不再赘述。

6.3　集合

集合是包含若干元素的列表，其特点是元素无序且无重复元素。定义集合使用成对的大括号“{}”或 set()函数，例如：

```
drawer = {'pen', 'pencil', 'ruler', 'eraser'}
```

注意，创建空集合必须使用 set()函数。

Python 中集合的概念基本上反映了集合论对应的概念。两个不同的集合可以执行交、并、补、差等运算，例如：

```
drawer = {'pen', 'pencil', 'ruler', 'eraser'}
desk = {'pen', 'book', 'cup'}
drawer | desk            # 两个集合的并集
drawer & desk            # 两个集合的交集
drawer ^ desk            # 两个集合的交集的补集
drawer - desk            # 两个集合的差集
```

上述代码的运行结果如图 6-23 所示。

```
管理员: 命令提示符 - python

C:\Users\Administrator\.spyder-py3>python
Python 3.7.2 (tags/v3.7.2:9a3ffc0492, Dec 23 2018, 23:09:28) [MSC v.1916 64 bit
(AMD64)] on win32
Type "help", "copyright", "credits" or "license" for more information.
>>> drawer = {'pen', 'pencil', 'ruler', 'eraser'}
>>> desk = {'pen', 'book', 'cup'}
>>> drawer | desk                                # 两个集合的并集
{'ruler', 'pencil', 'cup', 'pen', 'book', 'eraser'}
>>> drawer & desk                                # 两个集合的交集
{'pen'}
>>> drawer ^ desk                                # 两个集合的交集的补集
{'ruler', 'cup', 'book', 'pencil', 'eraser'}
>>> drawer - desk                                # 两个集合的差集
{'pencil', 'ruler', 'eraser'}
>>>
```

图 6-23　两个集合的运算

Python 中可以用于集合的函数主要有 add()、clear()、copy()、discard()、remove()、pop()、difference()、intersection()、union()等。

add()方法用于为集合添加一个元素，例如：

```
a = {'a', 'b', 'c'}
a.add('d')
print(a)
```

上述代码的运行结果如图 6-24 所示。

```
管理员: 命令提示符 - python
C:\Users\Administrator\.spyder-py3>python
Python 3.7.2 (tags/v3.7.2:9a3ffc0492, Dec 23 2018, 23:09:28) [MSC v.1916 64 bit
(AMD64)] on win32
Type "help", "copyright", "credits" or "license" for more information.
>>> a = {'a', 'b', 'c'}
>>> a.add('d')
>>> print(a)
{'b', 'd', 'c', 'a'}
>>>
```

图 6-24　为集合 a 添加一个元素

clear()方法用于清空一个集合，例如：

```
a = {'a', 'b', 'c'}
a.clear()
print(a)
```

上述代码的运行结果如图 6-25 所示。

```
管理员: 命令提示符 - python
C:\Users\Administrator\.spyder-py3>python
Python 3.7.2 (tags/v3.7.2:9a3ffc0492, Dec 23 2018, 23:09:28) [MSC v.1916 64 bit
(AMD64)] on win32
Type "help", "copyright", "credits" or "license" for more information.
>>> a = {'a', 'b', 'c'}
>>> a.clear()
>>> print(a)
set()
>>>
```

图 6-25　清空集合 a

copy()方法用于复制一个集合，例如：

```
a = {'a', 'b', 'c'}
b = a.copy()
print(b)
```

上述代码的运行结果如图 6-26 所示。

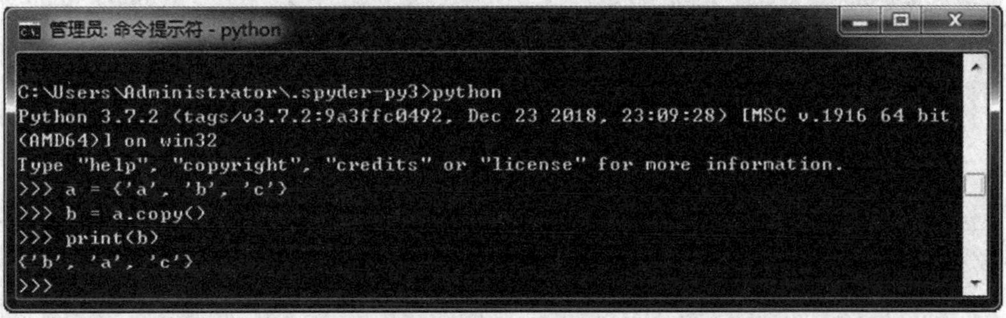

```
管理员: 命令提示符 - python
C:\Users\Administrator\.spyder-py3>python
Python 3.7.2 (tags/v3.7.2:9a3ffc0492, Dec 23 2018, 23:09:28) [MSC v.1916 64 bit
(AMD64)] on win32
Type "help", "copyright", "credits" or "license" for more information.
>>> a = {'a', 'b', 'c'}
>>> b = a.copy()
>>> print(b)
{'b', 'a', 'c'}
>>>
```

图 6-26　复制集合 a

discard()方法用于删除集合中一个指定元素，例如：

```
a = {'a', 'b', 'c'}
a.discard('b')
print(a)
```

上述代码的运行结果如图 6-27 所示。

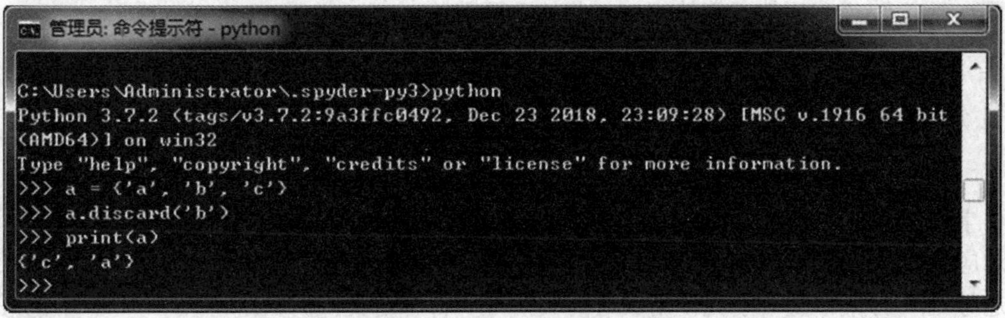

```
管理员: 命令提示符 - python
C:\Users\Administrator\.spyder-py3>python
Python 3.7.2 (tags/v3.7.2:9a3ffc0492, Dec 23 2018, 23:09:28) [MSC v.1916 64 bit
(AMD64)] on win32
Type "help", "copyright", "credits" or "license" for more information.
>>> a = {'a', 'b', 'c'}
>>> a.discard('b')
>>> print(a)
{'c', 'a'}
>>>
```

图 6-27　从集合 a 中删除元素 b

remove()方法与 discard()方法作用相同，区别在于 remove()方法在移除集合中一个不存在的元素时会发生错误，而 discard()方法不会。

pop()方法用于从集合中随机移除一个元素，例如：

```
a = {'a', 'b', 'c', 'd', 'e', 'f', 'g'}
a.pop()
print(a)
```

多次运行上述代码的结果如图 6-28 所示。

```
C:\Users\Administrator\.spyder-py3>python
Python 3.7.2 (tags/v3.7.2:9a3ffc0492, Dec 23 2018, 23:09:28) [MSC v.1916 64 bit
(AMD64)] on win32
Type "help", "copyright", "credits" or "license" for more information.
>>> a = {'a', 'b', 'c', 'd', 'e', 'f', 'g'}
>>> a.pop()
'e'
>>> print(a)
{'b', 'c', 'a', 'd', 'g', 'f'}
>>> exit()

C:\Users\Administrator\.spyder-py3>python
Python 3.7.2 (tags/v3.7.2:9a3ffc0492, Dec 23 2018, 23:09:28) [MSC v.1916 64 bit
(AMD64)] on win32
Type "help", "copyright", "credits" or "license" for more information.
>>> a = {'a', 'b', 'c', 'd', 'e', 'f', 'g'}
>>> a.pop()
'd'
>>> print(a)
{'g', 'e', 'f', 'b', 'a', 'c'}
>>>
```

图 6-28　从集合 a 中随机移除一个元素

difference()、intersection()、union()等方法分别用于计算两个集合的差集、交集和并集，效果与“-”“&”“|”等运算符相似，此处不再赘述。

6.4　字典

字典可以存储任意类型的对象，字典中的键值对分别存储字符串型下标及对应的内容。字典中的每个键和值之间使用冒号“:”分隔，键值对之间使用逗号“,”分隔，整个字典使用成对的大括号“{}”定义，例如：

```
dict = {'A': '123', 'B': '45', 'C': '678'}
```

要访问字典中的值，需要使用中括号语法，例如：

```
print(dict['B'])
```

运行上述代码将返回字符串“45”。

添加或修改字典中某个键值对中的值也是使用中括号语法，例如：

```
dict = {'A': '123', 'B': '45', 'C': '678'}
dict['D'] = '9'
```

当该键存在时修改对应的值，不存在时将该键值对添加到字典。

与列表、元组、集合相同，清空字典的内容使用 clear()方法，删除字典使用 del 命令，例如：

```
dict = {'A': '123', 'B': '45', 'C': '678'}
dict.clear()            # 清空 dict 的内容
del dict['A']           # 删除 dict 字典中 A 键和对应的值
del dict                # 删除 dict 字典
```

字典有以下两个特点：一是其中的键名不能重复，创建字典时若同一个键被多次赋值，则其值为最后一次赋值的内容；二是键一旦定义即不可更改，若要修改键名则意味着删除原键值对并新建键值对。

★练一练★

1. 列表与元组有什么相同或相似的地方？两者又有什么不同？
2. 应该如何定义只有一个元素的元组？应该如何创建空集合？
3. 字典中能否存在多个同名键值对？

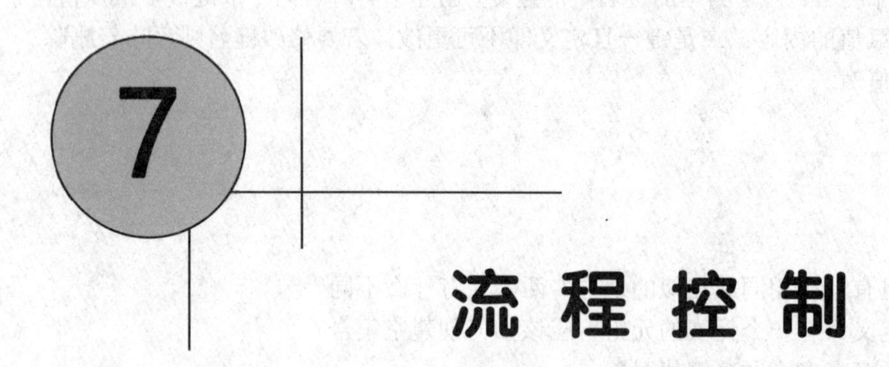

流程控制

流程控制是程序设计语言的重要功能之一，用于改变程序运行指令的先后顺序，或是将某段指令代码反复运行若干遍。其中前者称为条件语句，后者称为循环语句。

7.1 条件语句

条件语句根据条件判断表达式的值决定后续运行程序的顺序。Python 中支持三种实质上大同小异的条件语句，分别是 if 语句、if…else…语句和 if…elif…else…语句。

7.1.1 if 语句

if 语句的主要语法形式如下：

```
if 条件表达式:
语句
```

当条件表达式计算结果为 True 时，执行下一行缩进的语句；若条件表达式计算结果为 False，则跳过该条语句继续向下执行。例如：

```
if 2>1:
print('2 大于 1')
```

上述代码的运行结果如图 7-1 所示。

```
管理员: 命令提示符 - python
C:\Users\Administrator\.spyder-py3>python
Python 3.7.2 (tags/v3.7.2:9a3ffc0492, Dec 23 2018, 23:09:28) [MSC v.1916 64 bit
(AMD64)] on win32
Type "help", "copyright", "credits" or "license" for more information.
>>> if 2>1:
...     print('2大于1')
...
2大于1
>>>
```

图 7-1　Python 中的 if 语句

温馨提示：Python 中的条件表达式语法

if 及其衍生的条件判断语句是目前各种高级程序设计语言的核心之一。Python 的 if 类条件判断语句与其他语言不同之处主要有三点：一是条件表达式无须外加括号；二是条件表达式后加冒号；三是条件表达式为 True 时执行的语句不加大括号，但需要遵循 Python 语法的缩进原则，使用缩进来划分语句块，相同缩进数的语句在一起组成一个语句块。

7.1.2　if…else…语句和 if…elif…else…语句

if…elif…else…语句的语法形式如下：

```
if 条件表达式 1:
语句 1
elif 条件表达式 2:
语句 2
elif ……
else:
语句 3
```

当条件表达式 1 计算结果为 True 时，执行语句 1；当条件表达式 2 计算结果为 True 时，执行语句 2；若 else 之前的条件表达式计算结果均为 False，执行语句 3。例如：

```
a=1
b=2

if a<b:
print('a<b')
elif a==b:
print('a=b')
```

```
elif a>b:
print('a>b')
else:
print('未知')
```

上述代码的运行结果如图 7-2 所示。

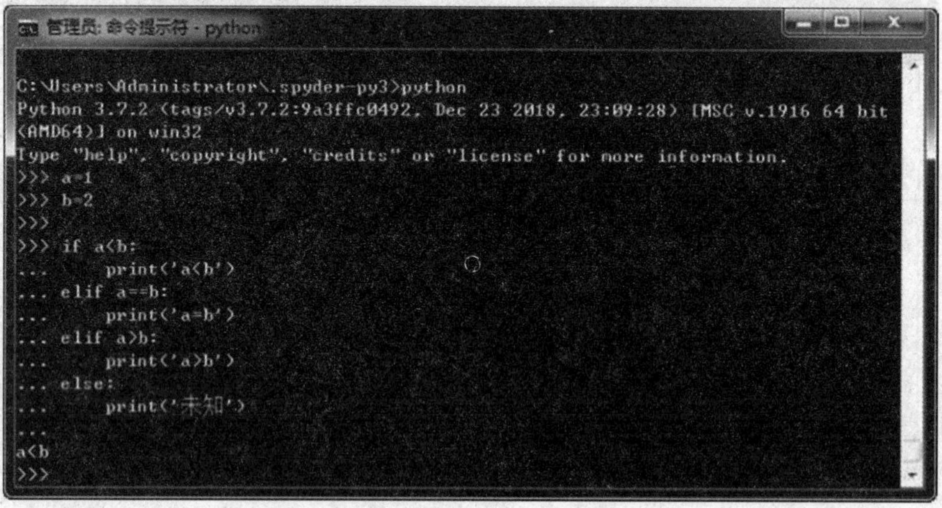

```
C:\Users\Administrator\.spyder-py3>python
Python 3.7.2 (tags/v3.7.2:9a3ffc0492, Dec 23 2018, 23:09:28) [MSC v.1916 64 bit
(AMD64)] on win32
Type "help", "copyright", "credits" or "license" for more information.
>>> a=1
>>> b=2
>>>
>>> if a<b:
...     print('a<b')
... elif a==b:
...     print('a=b')
... elif a>b:
...     print('a>b')
... else:
...     print('未知')
...
a<b
>>>
```

图 7-2 Python 中的 if…elif…else…语句

if…elif…else…语句中的 elif 和 else 部分不是必需的，省略 elif 及对应的语句后就变成了 if…else…语句，再省略 else 部分后就变成了 if 语句，也可只有 if…elif…结构。

7.1.3 if 嵌套

if 类语句支持嵌套使用，例如：

```
a=4
b=2
c=3

if a<b:
print('a<b')
elif a==b:
print('a=b')
elif a>b:
if b>c:
print('a>b 且 b>c')
elif b==c:
print('a>b 且 b=c')
elif b>c:
print('a>b 且 b>c')
```

```
else:
print('a>b')
else:
print('未知')
```

上述代码的运行结果如图 7-3 所示。

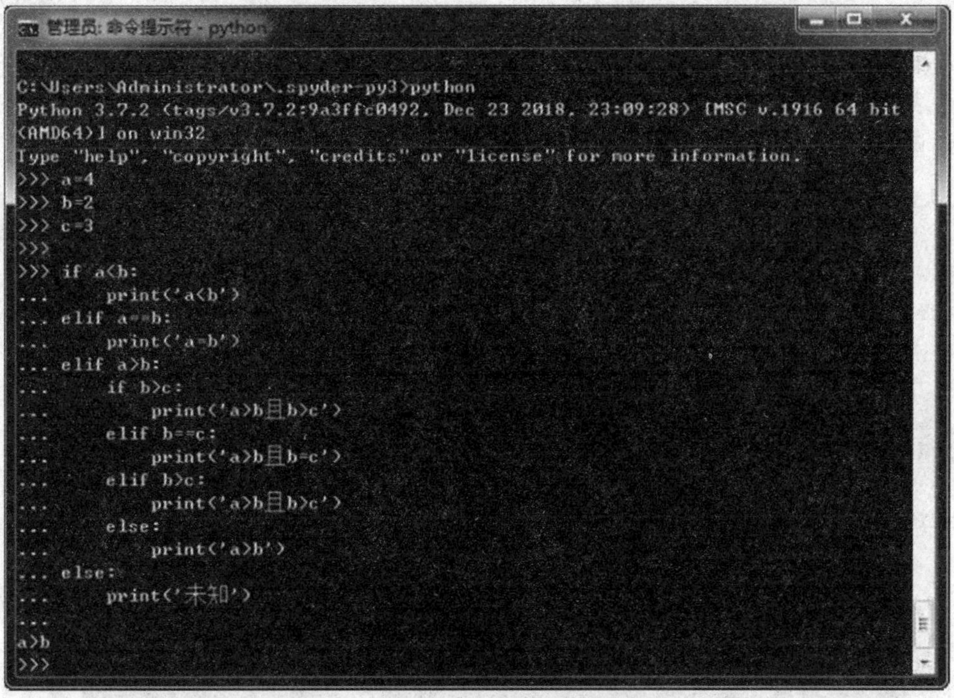

```
管理员: 命令提示符 - python
C:\Users\Administrator\.spyder-py3>python
Python 3.7.2 (tags/v3.7.2:9a3ffc0492, Dec 23 2018, 23:09:28) [MSC v.1916 64 bit
(AMD64)] on win32
Type "help", "copyright", "credits" or "license" for more information.
>>> a=4
>>> b=2
>>> c=3
>>>
>>> if a<b:
...     print('a<b')
... elif a==b:
...     print('a=b')
... elif a>b:
...     if b>c:
...         print('a>b且b>c')
...     elif b==c:
...         print('a>b且b=c')
...     elif b>c:
...         print('a>b且b>c')
...     else:
...         print('a>b')
... else:
...     print('未知')
...
a>b
>>>
```

图 7-3　Python 中的 if 嵌套语句

温馨提示：Python 没有 switch…case…语句

Python 的发明人认为 Python 不需要 switch…case…语句，因为用 if…elif…elif…else…序列很容易来实现 switch…case…语句。

7.2　循环语句

在解决实际问题的过程中往往存在规律性的重复操作，因此在程序中需要重复执行某些语句。一组被重复执行的语句称为循环体，循环的终止条件决定循环能否继续重复。Python 中的循环语句主要有 while 和 for 两种，没有 do…while…结构。

7.2.1 while 循环

while 循环的主要语法形式如下：

```
while 条件表达式：
语句
```

与 if 语句相似，while 循环的条件表达式也无须括号，且表达式末尾必须添加冒号。当条件表达式计算结果为 True 时，执行下一行缩进的语句；若条件表达式计算结果为 False，则跳过该条语句继续向下执行。例如：

```
n = 10
sum = 0
i = 1
while i <= n:
sum = sum + i
i += 1

print("1 到 %d 之和为: %d" % (n,sum))
```

上述代码的运行结果如图 7-4 所示。

```
管理员: 命令提示符 - python

C:\Users\Administrator\.spyder-py3>python
Python 3.7.2 (tags/v3.7.2:9a3ffc0492, Dec 23 2018, 23:09:28) [MSC v.1916 64 bit
(AMD64)] on win32
Type "help", "copyright", "credits" or "license" for more information.
>>> n = 10
>>> sum = 0
>>> i = 1
>>> while i <= n:
...     sum = sum + i
...     i += 1
...
>>> print("1 到 %d 之和为: %d" % (n,sum))
1 到 10 之和为: 55
>>>
```

图 7-4　Python 中的 while 循环语句

while 循环可以带有 else 子句，用于在条件表达式为 False 时执行相应的语句，例如：

```
count = 1
while i < 10:
print(i, " 小于 10")
i += 1
else:
print(i, " 大于或等于 10")
```

上述代码的运行结果如图 7-5 所示。

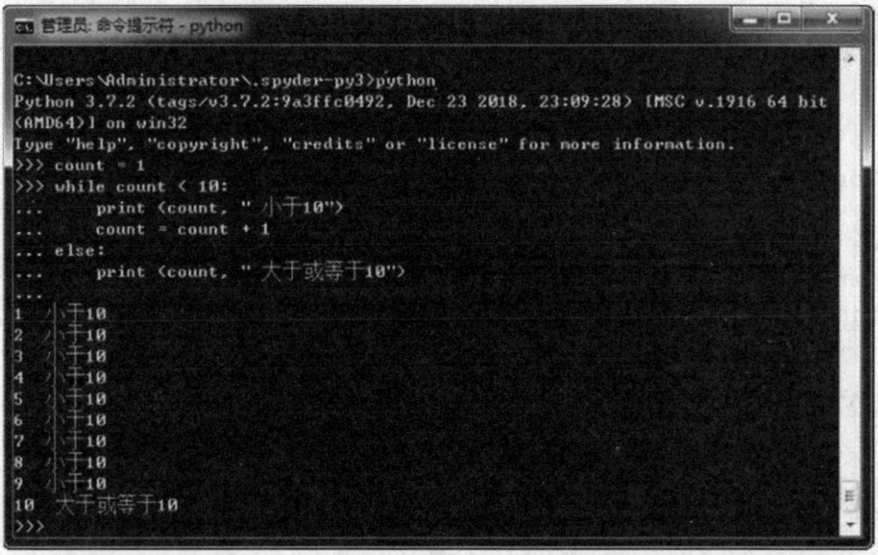

图 7-5 Python 中的 while…else…循环语句

可以通过设置条件表达式为恒等式实现无限循环，例如：

```
import time
while 1==1:
print(time.strftime('%Y-%m-%d  %H:%M:%S',time.localtime(time.time(
))))
```

上述代码的运行结果如图 7-6 所示。

图 7-6 使用 while 语句实现无限循环

出现无限循环时可以使用 Ctrl+C 组合键中断循环。

7.2.2 for 循环

Python 中的 for 循环可以用于任何序列型的数据，包括列表、元组、集合、字典甚至字符串，for 循环的主要语法形式如下：

```
for 变量 in 序列:
语句1
else:
语句2
```

用于字符串列表时主要语法形式如下：

```
languages = ["C#", "Java", "Python"]
for x in languages:
print(x)
```

上述代码的运行结果如图 7-7 所示。

```
管理员: 命令提示符 - python
C:\Users\Administrator\.spyder-py3>python
Python 3.7.2 (tags/v3.7.2:9a3ffc0492, Dec 23 2018, 23:09:28) [MSC v.1916 64 bit
(AMD64)] on win32
Type "help", "copyright", "credits" or "license" for more information.
>>> languages = ["C#", "Java", "Python"]
>>> for x in languages:
...     print(x)
...
C#
Java
Python
>>>
```

图 7-7　Python 中的 for 循环

如要实现类似其他语言中的指定循环次数，可以使用 range()函数，例如：

```
for i in range(4):
print(i)
```

上述代码的运行结果如图 7-8 所示。

```
C:\Users\Administrator\.spyder-py3>python
Python 3.7.2 (tags/v3.7.2:9a3ffc0492, Dec 23 2018, 23:09:28) [MSC v.1916 64 bit
(AMD64)] on win32
Type "help", "copyright", "credits" or "license" for more information.
>>> for i in range(4):
...     print(i)
...
0
1
2
3
>>>
```

图 7-8　使用 range()函数指定循环次数

也可以结合 range()和 len()函数用于一个字符串列表，例如：

```
languages = ["C#", "Java", "Python"]
for i in range(len(languages)):
print(i, languages[i])
```

上述代码的运行结果如图 7-9 所示。

```
C:\Users\Administrator\.spyder-py3>python
Python 3.7.2 (tags/v3.7.2:9a3ffc0492, Dec 23 2018, 23:09:28) [MSC v.1916 64 bit
(AMD64)] on win32
Type "help", "copyright", "credits" or "license" for more information.
>>> languages = ["C#", "Java", "Python"]
>>> for i in range(len(languages)):
...     print(i, languages[i])
...
0 C#
1 Java
2 Python
>>>
```

图 7-9　结合 range()和 len()函数的 for 循环

7.2.3　break、continue 和 pass 语句

break 语句用于跳出 for 和 while 循环过程，跳出后对应的 else 部分将不执行。例如：

```
for letter in 'Python':
if letter == 'o':
break
print('当前字母为 :', letter)
```

上述代码的运行结果如图 7-10 所示。

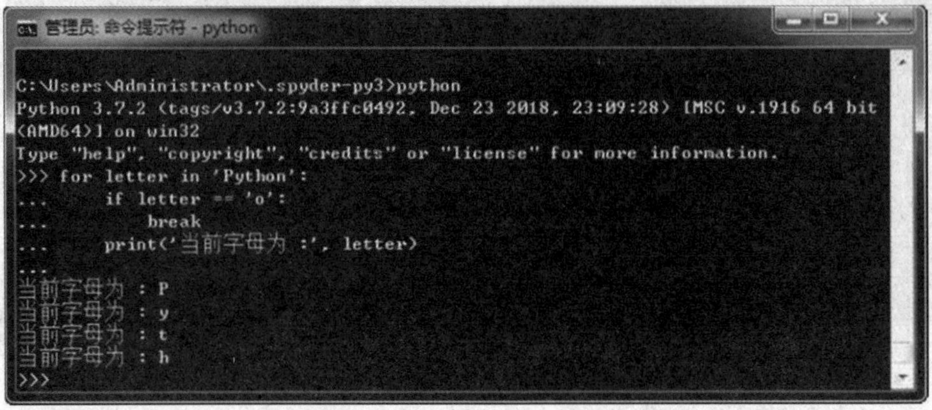

```
管理员: 命令提示符 - python
C:\Users\Administrator\.spyder-py3>python
Python 3.7.2 (tags/v3.7.2:9a3ffc0492, Dec 23 2018, 23:09:28) [MSC v.1916 64 bit
(AMD64)] on win32
Type "help", "copyright", "credits" or "license" for more information.
>>> for letter in 'Python':
...     if letter == 'o':
...         break
...     print('当前字母为 :', letter)
...
当前字母为 : P
当前字母为 : y
当前字母为 : t
当前字母为 : h
>>>
```

图 7-10 Python 中的 break 语句

continue 语句用于跳过 for 和 while 循环中的本次循环，其后的语句在本次循环中将不再执行，同时程序将执行下一轮循环。例如：

```
for i in range(4):
if i==2:
continue
print(i)
```

上述代码的运行结果如图 7-11 所示。

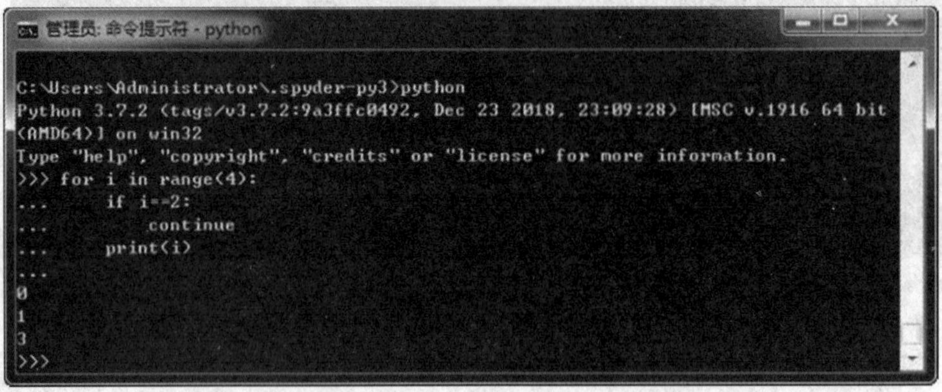

```
管理员: 命令提示符 - python
C:\Users\Administrator\.spyder-py3>python
Python 3.7.2 (tags/v3.7.2:9a3ffc0492, Dec 23 2018, 23:09:28) [MSC v.1916 64 bit
(AMD64)] on win32
Type "help", "copyright", "credits" or "license" for more information.
>>> for i in range(4):
...     if i==2:
...         continue
...     print(i)
...
0
1
3
>>>
```

图 7-11 Python 中的 continue 语句

pass 语句主要用于占位，例如：

```
for letter in 'I love Python':
if letter == 'o':
pass
print('执行 pass 语句')
print('当前字母: ', letter)
```

上述代码的运行结果如图 7-12 所示。

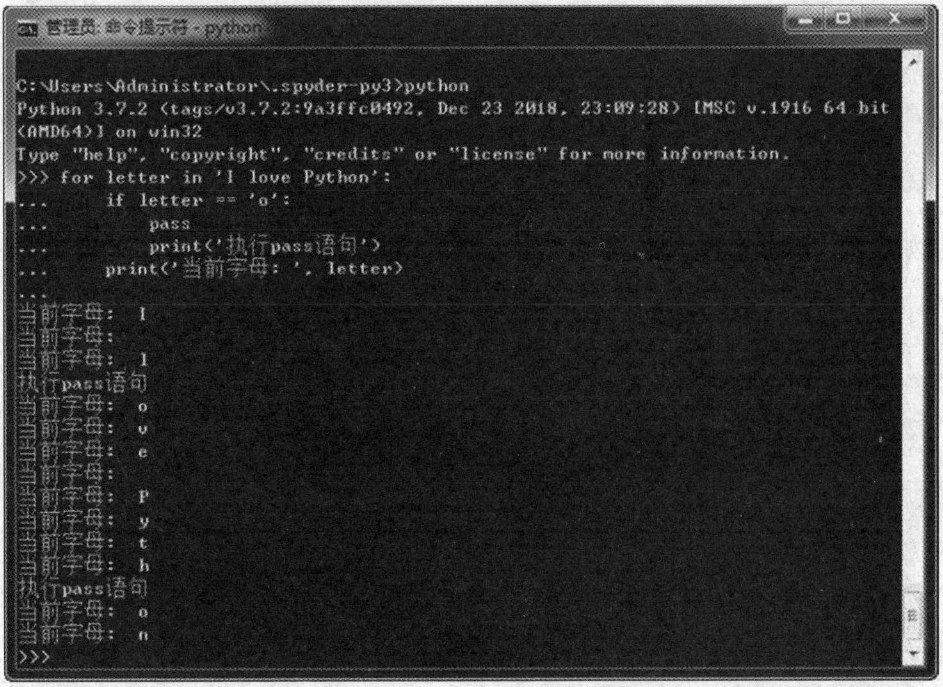

```
管理员: 命令提示符 - python

C:\Users\Administrator\.spyder-py3>python
Python 3.7.2 (tags/v3.7.2:9a3ffc0492, Dec 23 2018, 23:09:28) [MSC v.1916 64 bit
(AMD64)] on win32
Type "help", "copyright", "credits" or "license" for more information.
>>> for letter in 'I love Python':
...     if letter == 'o':
...         pass
...         print('执行pass语句')
...     print('当前字母: ', letter)
...
当前字母:  I
当前字母:
当前字母:  l
执行pass语句
当前字母:  o
当前字母:  v
当前字母:  e
当前字母:
当前字母:  P
当前字母:  y
当前字母:  t
当前字母:  h
执行pass语句
当前字母:  o
当前字母:  n
>>>
```

图 7-12　Python 中的 pass 语句

7.3　异常处理

异常处理是编程语言或计算机硬件里的一种机制，用于处理软件或信息系统中出现的超出程序正常执行流程的异常状况。异常（Exception）这一术语所描述的通常是一种数据结构，可以存储与某种异常状况相关的信息。抛出是用来移交控制权的机制，抛出异常也可以称作引发异常。抛出异常后，控制权会查找对应的捕获机制并做进一步处理。错误（Error）则常用来表示系统级错误或底层资源错误。在 Python 中，二者具有相同的处理机制。编程过程中，通常很难将所有的异常状况都处理得很好，通过异常捕获可以针对突发事件做集中处理，从而保证程序的稳定性和健壮性。

在 Python 中使用 try…except…else…finally…语句检查可能发生异常的代码、捕获异常并做进一步处理，其语法如下：

```
try:
# 尝试执行的代码
[except 错误类型 1:
# 针对错误类型 1，对应的代码处理]
[except 错误类型 2:
# 针对错误类型 2，对应的代码处理]
```

```
[except (错误类型 3, 错误类型 4):
# 针对错误类型 3 和 4，对应的代码处理]
[except Exception as result:
# 打印错误信息]
[else:
# 没有异常才会执行的代码]
[finally:
# 无论是否有异常，都会执行的代码]
```

例如以下代码尝试执行除法操作：

```
try:
num = int(input("请输入一个整数："))
result = 5 / num
print(result)
except ValueError:
print("请输入正确的整数")
except ZeroDivisionError:
print("除 0 错误")
except Exception as result:
print("未知错误 %s" % result)
else:
print("正常执行")
finally:
print("执行完成")
```

当用户输入 0 时，上述代码的运行结果如图 7-13 所示。

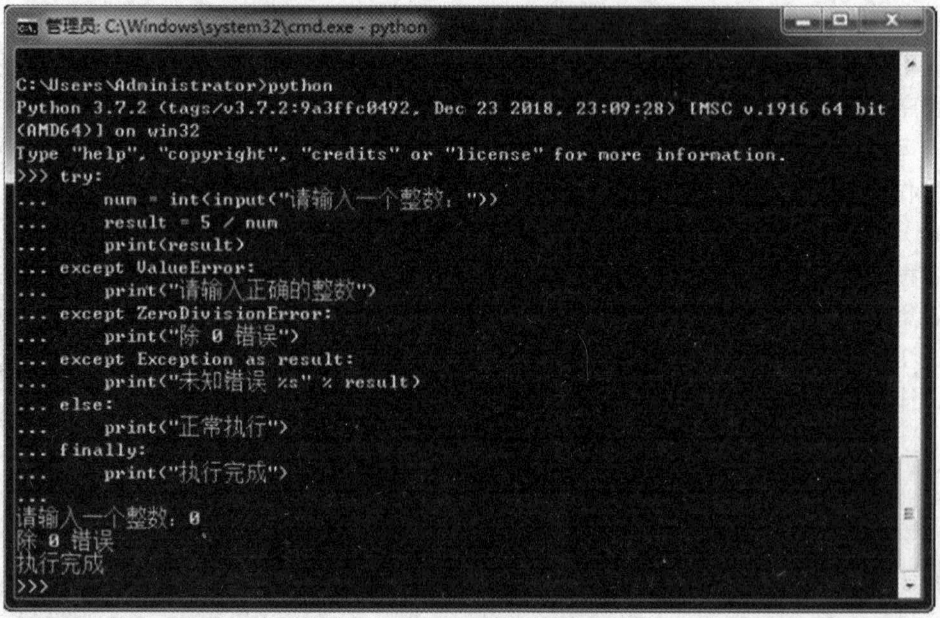

```
管理员: C:\Windows\system32\cmd.exe - python

C:\Users\Administrator>python
Python 3.7.2 (tags/v3.7.2:9a3ffc0492, Dec 23 2018, 23:09:28) [MSC v.1916 64 bit
(AMD64)] on win32
Type "help", "copyright", "credits" or "license" for more information.
>>> try:
...     num = int(input("请输入一个整数: "))
...     result = 5 / num
...     print(result)
... except ValueError:
...     print("请输入正确的整数")
... except ZeroDivisionError:
...     print("除 0 错误")
... except Exception as result:
...     print("未知错误 %s" % result)
... else:
...     print("正常执行")
... finally:
...     print("执行完成")
...
请输入一个整数: 0
除 0 错误
执行完成
>>>
```

图 7-13　用户输入 0，程序抛出异常

（续表）

异常名称	描　述
OverflowError	数值运算超出最大限制
PendingDeprecationWarning	关于特性将会被废弃的警告
ReferenceError	弱引用试图访问已经被回收的对象
RuntimeError	一般运行时错误
RuntimeWarning	运行时行为警告
StandardError	所有内建标准异常的基类
StopIteration	迭代器没有更多的值
SyntaxError	Python 语法错误
SyntaxWarning	语法警告
SystemError	一般的解释器系统错误
SystemExit	解释器请求退出
TabError	Tab 和空格混用
TypeError	对类型无效的操作
UnboundLocalError	访问未初始化的本地变量
UnicodeDecodeError	Unicode 解码错误
UnicodeEncodeError	Unicode 编码错误
UnicodeError	Unicode 相关错误
UnicodeTranslateError	Unicode 转换错误
UserWarning	用户代码生成的警告
ValueError	传入无效参数
Warning	各种警告的基类
WindowsError	系统调用失败
ZeroDivisionError	除（或取模）零错误

★练一练★

1．Python 中的 if 语句有哪几种形式？Python 有哪几种循环语句？
2．break 与 continue 的区别是什么？
3．Python 的异常处理基本流程是怎样的？

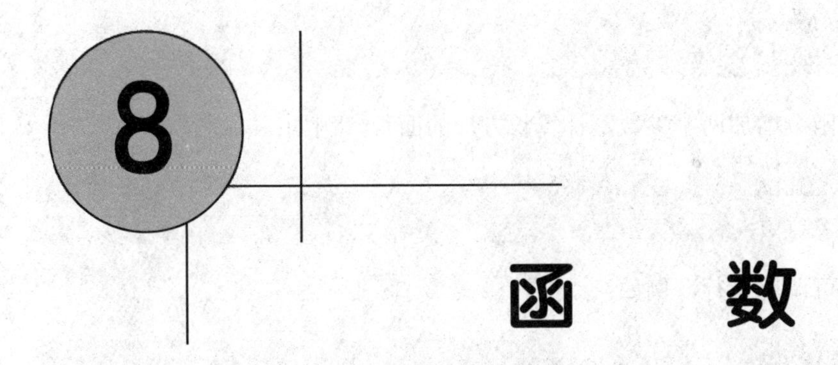

函　　数

函数反映了编程语言的扩展能力，有人认为函数是 Python 语言的灵魂，本章主要介绍 Python 中函数的基本概念，变量的作用域及迭代器、生成器和装饰器等 Python 语言特有的语法功能。

8.1　什么是函数

数学中的函数一词泛指发生在集合之间的一种对应关系和变化过程。在程序设计领域，函数实际上就是一段具有特定功能、完成特定任务的程序，以减少重复编写程序段的工作量。在面向过程程序设计中也被称为过程（Procedure）、子程序（Sub-program），在面向对象程序设计中则被称为方法（Method）。本书前文中使用的 print()函数就是常用的函数之一。

8.1.1　定义和调用函数

在 Python 中定义一个函数需要遵循以下规则：

- ◆ 函数代码块以 def 关键词开头，后接函数名称和小括号“()”，小括号后的冒号“:”表示函数体的开始。
- ◆ 任何传入参数和自变量必须放在小括号中间。
- ◆ 函数的第一行语句可以使用注释语句编写函数说明。
- ◆ 函数体遵循缩进语法。
- ◆ 函数以 return 语句结束，用于返回结果给调用方。

定义函数的语法如下：

```
def 函数名（参数列表）:
函数体
```

定义一个打印“Hello World!”文字的函数，代码如下：

```
def Print_HelloWorld():
print("Hello World!")
```

稍微复杂一点，为函数增加两个参数，计算长方形的面积，例如：

```
def Calc_Area(width, height):
return width * height
```

完成函数定义后即可调用运行，例如：

```
print(Calc_Area(3, 4))
```

上述代码的运行结果如图 8-1 所示。

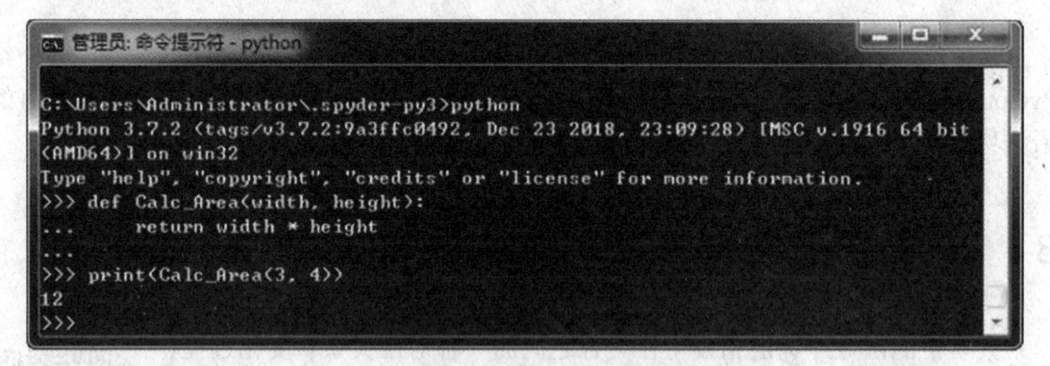

图 8-1　定义并调用 Calc_Area()函数

温馨提示：Python 中函数参数及返回值均无须显式定义数据类型

习惯了 C#或 Java 等语言的用户在刚开始编写 Python 函数时会很不习惯其无须显式定义返回类型的做法，在 C#或 Java 等语言中往往需要指明函数返回结果的数据类型以及每个参数的数据类型。需要指出的是，虽然 Python 中函数参数及返回值均无须显式定义数据类型，但 Python 与 C#、Java 等语言一样，也是强类型语言，即变量的使用要严格符合定义，所有变量都必须先定义后使用。一旦一个变量被指定了某个数据类型，如果不经过强制转换，那么它将始终是这个数据类型。

可以使用 type()函数现场查看一个变量或一个函数返回的结果是什么类型，例如：

```
def Calc_Area(width, height):
print(type(width))
print(type(height))
return width * height

area = Calc_Area(3, 4)
print(type(area))
```

上述代码的运行结果如图 8-2 所示。

```
管理员: 命令提示符 - python
C:\Users\Administrator\.spyder-py3>python
Python 3.7.2 (tags/v3.7.2:9a3ffc0492, Dec 23 2018, 23:09:28) [MSC v.1916 64 bit
(AMD64)] on win32
Type "help", "copyright", "credits" or "license" for more information.
>>> def Calc_Area(width, height):
...     print(type(width))
...     print(type(height))
...     return width * height
...
>>> area = Calc_Area(3, 4)
<class 'int'>
<class 'int'>
>>> print(type(area))
<class 'int'>
>>>
```

图 8-2 使用 type()函数查看 Calc_Area()函数参数和返回结果的数据类型

8.1.2 匿名函数

匿名函数即没有函数名的函数，常被用在以下场合：

- 在程序中只使用一次，不需要定义函数名，节省内存中变量定义空间。
- 编写 Shell 脚本时使用匿名函数可以省去定义函数的过程，让代码更加简洁。
- 某些时候为了让代码更容易理解。
- Python 中使用 lambda 关键字创建匿名函数。

Python 的匿名函数有以下特点：

- 匿名函数只是一个表达式，仅能封装有限的逻辑。
- 匿名函数拥有自己的命名空间，且不能访问自己参数列表之外或全局命名空间里的参数。
- 匿名函数看起来只能写一行，却不等同于 C 或 C++的内联函数，后者的目的是调用小函数时不占用栈内存从而增加运行效率。

定义匿名函数的语法如下：

```
lambda 参数1, 参数2,……,参数n:表达式
```

一些简单的运算可以很容易被改写为匿名函数，例如 8.1.1 中计算长方形面积的函数：

```
area = lambda width, height: width * height
print(area(3, 4))
```

上述代码的运行结果如图 8-3 所示。

```
管理员: 命令提示符 - python
C:\Users\Administrator\.spyder-py3>python
Python 3.7.2 (tags/v3.7.2:9a3ffc0492, Dec 23 2018, 23:09:28) [MSC v.1916 64 bit
(AMD64)] on win32
Type "help", "copyright", "credits" or "license" for more information.
>>> area = lambda width, height: width * height
>>> print(area(3, 4))
12
>>>
```

图 8-3　将计算长方形面积的函数改写为匿名函数

8.1.3　参数与参数传递

Python 中函数的参数可细分为必需参数、关键字参数、默认参数和不定长参数四种情况。必需参数是指为了确保函数正确执行，需要明确赋值的参数。例如定义一个打印输入的字符串的函数：

```
def print_string(str):
print(str)
return
```

若调用该函数时不对参数 str 赋值：

```
print_string()
```

则 Python 运行时环境将报错，上述代码的运行结果如图 8-4 所示。

```
管理员: 命令提示符 - python
C:\Users\Administrator\.spyder-py3>python
Python 3.7.2 (tags/v3.7.2:9a3ffc0492, Dec 23 2018, 23:09:28) [MSC v.1916 64 bit
(AMD64)] on win32
Type "help", "copyright", "credits" or "license" for more information.
>>> def print_string(str):
...     print(str)
...     return
...
>>> print_string()
Traceback (most recent call last):
  File "<stdin>", line 1, in <module>
TypeError: print_string() missing 1 required positional argument: 'str'
>>>
```

图 8-4　函数的必需参数

关键字参数则是指在传参时指明形参的名称，并为其赋以实参的值，例如调用 8.1.1 中计算长方形面积的函数：

```
print(Calc_Area(height=4, width=3))
```

上述代码的运行结果如图 8-5 所示。

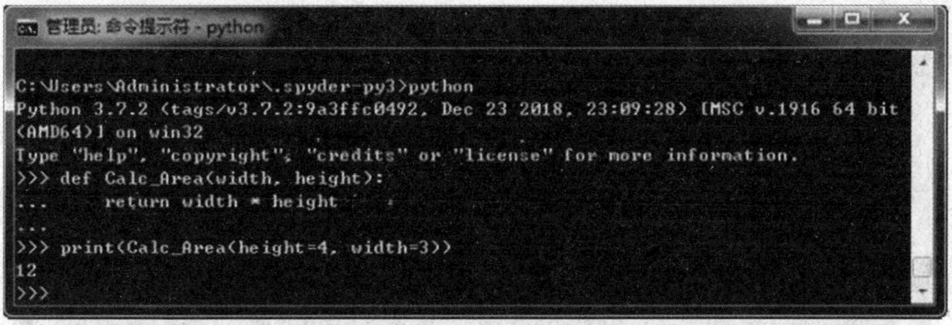

```
管理员: 命令提示符 - python
C:\Users\Administrator\.spyder-py3>python
Python 3.7.2 (tags/v3.7.2:9a3ffc0492, Dec 23 2018, 23:09:28) [MSC v.1916 64 bit
(AMD64)] on win32
Type "help", "copyright", "credits" or "license" for more information.
>>> def Calc_Area(width, height):
...     return width * height
...
>>> print(Calc_Area(height=4, width=3))
12
>>>
```

图 8-5　使用关键字参数调用函数

默认参数是指为函数的参数取一个默认值，当调用函数时可以不传入具有默认值的参数，当执行函数时使用该默认值参与运算。例如为计算长方形面积的函数的 height 参数指定默认值并调用：

```
def Calc_Area(width, height = 5):
return width * height

print(Calc_Area(3))
```

上述代码的运行结果如图 8-6 所示。

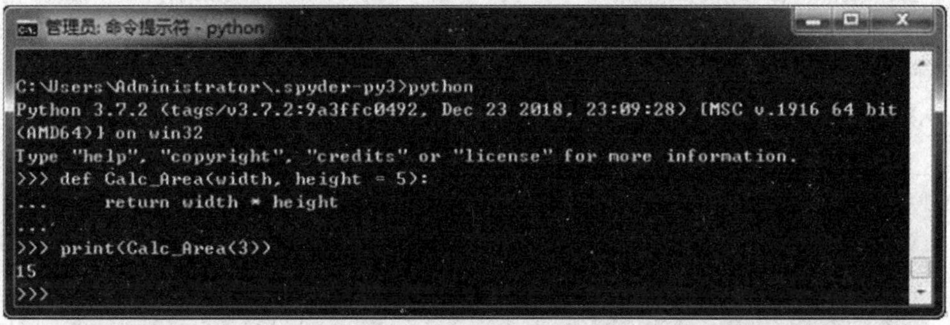

```
管理员: 命令提示符 - python
C:\Users\Administrator\.spyder-py3>python
Python 3.7.2 (tags/v3.7.2:9a3ffc0492, Dec 23 2018, 23:09:28) [MSC v.1916 64 bit
(AMD64)] on win32
Type "help", "copyright", "credits" or "license" for more information.
>>> def Calc_Area(width, height = 5):
...     return width * height
...
>>> print(Calc_Area(3))
15
>>>
```

图 8-6　将计算长方形面积的函数的 height 参数指定默认值并调用

有的函数在定义时无法指明所有的参数，或是在调用时传入的参数个数比定义时的多，这就需要用到不定长参数。不定长参数主要有两种传入方式，一种是在参数名称前加星号“*”，以元组类型导入，用来存放所有未命名的变量参数。例如：

```
def Multi_Add(arg1, *args):
sum = 0
```

```
for var in args:
sum += var
return arg1 + sum

print(Multi_Add(1, 2, 3, 4))
```

Multi_Add()函数的作用是将输入的参数相加，上述代码的运行结果如图 8-7 所示。

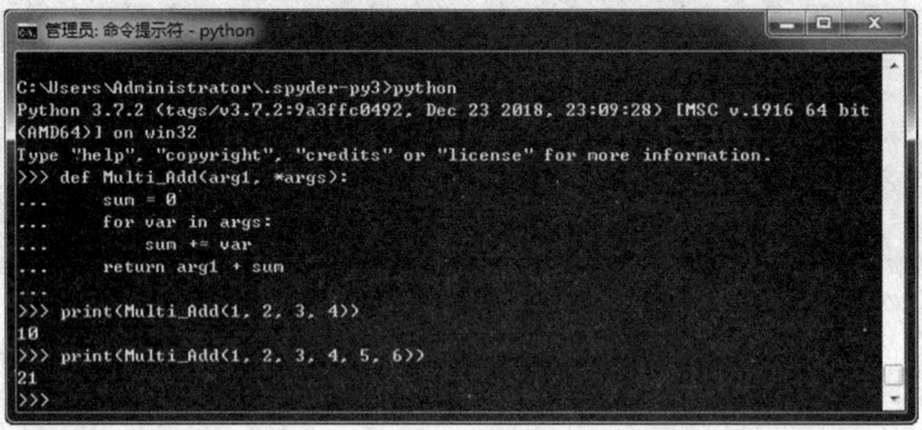

```
管理员: 命令提示符 - python
C:\Users\Administrator\.spyder-py3>python
Python 3.7.2 (tags/v3.7.2:9a3ffc0492, Dec 23 2018, 23:09:28) [MSC v.1916 64 bit
(AMD64)] on win32
Type "help", "copyright", "credits" or "license" for more information.
>>> def Multi_Add(arg1, *args):
...     sum = 0
...     for var in args:
...         sum += var
...     return arg1 + sum
...
>>> print(Multi_Add(1, 2, 3, 4))
10
>>> print(Multi_Add(1, 2, 3, 4, 5, 6))
21
>>>
```

图 8-7　使用元组方式传入不定长参数

另一种是在参数名称前加两个星号“**”，以字典类型导入，用来存放所有命名的变量参数，例如：

```
def fun(**kwargs):
for key, value in kwargs.items():
print("{0} 喜欢 {1}".format(key, value))

fun(我="猫", 猫="盒子")
```

上述代码的运行结果如图 8-8 所示。

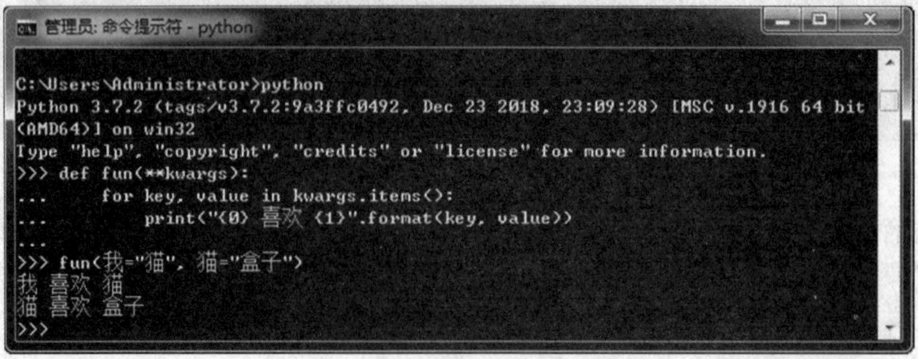

```
管理员: 命令提示符 - python
C:\Users\Administrator>python
Python 3.7.2 (tags/v3.7.2:9a3ffc0492, Dec 23 2018, 23:09:28) [MSC v.1916 64 bit
(AMD64)] on win32
Type "help", "copyright", "credits" or "license" for more information.
>>> def fun(**kwargs):
...     for key, value in kwargs.items():
...         print("{0} 喜欢 {1}".format(key, value))
...
>>> fun(我="猫", 猫="盒子")
我 喜欢 猫
猫 喜欢 盒子
>>>
```

图 8-8　使用字典方式传入不定长参数

在 Python 中一切变量都是对象，数字、字符串和元组是不可更改（immutable）的对象，列表、字典等则是可以更改（mutable）的对象。所谓不可更改的意思是改变变量的取值实际上是新生成一个同类型的变量并赋值。例如，变量赋值 a=1，然后改变其取值 a=2，实际是新生成一个 int 类型的对象 2，再让 a 指向它，而 1 则被丢弃，相当于新生成了 a。所谓可以更改则是真正改变了变量内部的一部分取值。例如，变量赋值 list=[1,2,3]，然后改变其取值 list[1]=6，实际上是更改了其元素的值，本身 list 没有变化，只是其内部部分元素的值被修改了。

当不可更改对象作为函数参数时，类似于 C、C++等语言中的值传递，传递的只是参数的值，并不会影响该不可更改对象本身。例如：

```
def changeVar(a):
a = 1

b = 2
changeVar(b)
print(b)
```

上述代码的运行结果如图 8-9 所示。

```
管理员: 命令提示符 - python
C:\Users\Administrator\.spyder-py3>python
Python 3.7.2 (tags/v3.7.2:9a3ffc0492, Dec 23 2018, 23:09:28) [MSC v.1916 64 bit
(AMD64)] on win32
Type "help", "copyright", "credits" or "license" for more information.
>>> def changeVar(a):
...     a = 1
...
>>> b = 2
>>> changeVar(b)
>>> print(b)
2
>>>
```

图 8-9　不可更改对象作为函数参数

当可更改对象作为函数参数时，类似于 C、C++等语言中的引用传递，是将该对象本身传过去，在函数体内修改了该对象的内容后，其内部元素的值将被真正修改。例如：

```
def changeVar2(l):
l.append([3, 4])
print("函数内取值：", l)
return

l = [1, 2]
changeVar2(l)
print("函数外取值：", l)
```

上述代码的运行结果如图 8-10 所示。

```
管理员: 命令提示符 - python

C:\Users\Administrator\.spyder-py3>python
Python 3.7.2 (tags/v3.7.2:9a3ffc0492, Dec 23 2018, 23:09:28) [MSC v.1916 64 bit
(AMD64)] on win32
Type "help", "copyright", "credits" or "license" for more information.
>>> def changeVar2(l):
...     l.append([3, 4])
...     print("函数内取值: ", l)
...     return
...
>>> l = [1, 2]
>>> changeVar2(l)
函数内取值:  [1, 2, [3, 4]]
>>> print("函数外取值: ", l)
函数外取值:  [1, 2, [3, 4]]
>>>
```

图 8-10　可更改对象作为函数参数

8.2　变量作用域

Python 中变量的访问权限取决于其赋值的位置，这个位置被称为变量的作用域。Python 的作用域共有四种，分别是：局部作用域（Local，简写为 L）、作用于闭包函数外的函数中的作用域（Enclosing，简写为 E）、全局作用域（Global，简写为 G）和内置作用域（即内置函数所在模块的范围，Built-in，简写为 B）。变量在作用域中查找的顺序是 L→E→G→B，即当在局部找不到时会去局部外的局部找（例如闭包），再找不到会在全局范围内找，最后去内置函数所在模块的范围中找。

分别在 L、E、G 范围内定义的变量的例子如下：

```
global_var = 0          # 全局作用域
def outer():
enclosing_var = 1       # 闭包函数外的函数中
def inner():
local_var = 2           # 局部作用域
```

内置作用域则是通过 builtins 模块实现的，可以使用以下代码查看当前 Python 版本的预定义变量：

```
import builtins
dir(builtins)
```

上述代码的运行结果如图 8-11 所示。

图 8-11 查看当前 Python 版本的预定义变量

定义在函数内部的变量拥有一个局部作用域，定义在函数外的变量拥有全局作用域。局部变量只能在其声明语句所在的函数内部访问，全局变量可以在整个程序范围内访问。调用函数时，所有在函数内声明的变量名称都将被加入到作用域中。当内部作用域想修改外部作用域的变量时，需要使用 global 和 nonlocal 关键字声明外部作用域的变量，例如：

```
global_num = 1
def func1():
enclosing_num = 2
global global_num                          # 使用 global 关键字声明
print(global_num)
global_num = 123
print(global_num)
def func2():
nonlocal enclosing_num                     # 使用 nonlocal 关键字声明
print(enclosing_num)
```

```
    enclosing_num = 456
func2()
    print(enclosing_num)

    func1()
    print(global_num)
```

上述代码的运行结果如图 8-12 所示。

```
管理员: 命令提示符 - python

C:\Users\Administrator\.spyder-py3>python
Python 3.7.2 (tags/v3.7.2:9a3ffc0492, Dec 23 2018, 23:09:28) [MSC v.1916 64 bit
(AMD64)] on win32
Type "help", "copyright", "credits" or "license" for more information.
>>> global_num = 1
>>> def func1():
...     enclosing_num = 2
...     global global_num               # 使用global关键字声明
...     print(global_num)
...     global_num = 123
...     print(global_num)
...     def func2():
...         nonlocal enclosing_num      # 使用nonlocal关键字声明
...         print(enclosing_num)
...         enclosing_num = 456
...     func2()
...     print(enclosing_num)
...
>>> func1()
1
123
2
456
>>> print(global_num)
123
>>>
```

图 8-12　使用 global 和 nonlocal 关键字声明外部作用域的变量

只有模块（module），类（class）和函数（def、lambda）才会引入新的作用域，if/elif/else/、try/except、for/while 等语句则不会引入新的作用域，即外部可以访问在这些语句内定义的变量。

8.3　迭代器和生成器

迭代，是重复反馈过程的活动，通常是为了逼近所需目标或结果。每对过程重复一次称为一次“迭代”，而每次迭代得到的结果会作为下一次迭代的初始值。在 Python 中，迭代是访问集合型数据的一种方式，对于字符串、列表、元组、集合和字典，都可以使用迭代来遍历其中的每个元素，而这些可以使用 for 循环遍历的对象也被称为可迭代对象。

8.3.1 迭代器

迭代器是将一个可迭代对象添加了迭代遍历特性后变换而成的对象。迭代器有以下特点：

- ◆ 从集合的第一个元素开始访问，直到所有的元素被访问完结束。
- ◆ 可以记住遍历的位置。
- ◆ 只能向前不能后退。

可迭代对象不一定是迭代器，但迭代器一定是可迭代对象，二者的关系可以用图 8-13 表示。

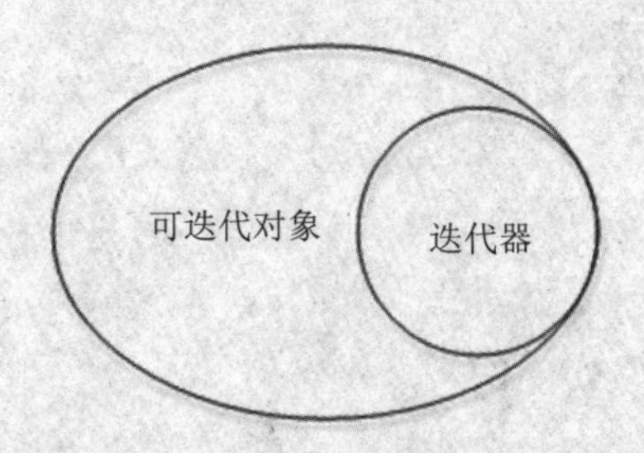

图 8-13 可迭代对象与迭代器的关系

可以使用 isinstance()函数检查一个对象是迭代器还是可迭代对象，例如：

```
from collections import Iterable, Iterator
isinstance('abc', Iterable)
isinstance([1,2,3], Iterable)
isinstance((1,2), Iterable)
isinstance({1,2}, Iterable)
isinstance(123, Iterable)

isinstance('abc', Iterator)
isinstance([1,2,3], Iterator)
isinstance((1,2), Iterator)
isinstance({1,2}, Iterator)
isinstance(123, Iterator)
```

上述代码的运行结果如图 8-14 所示。

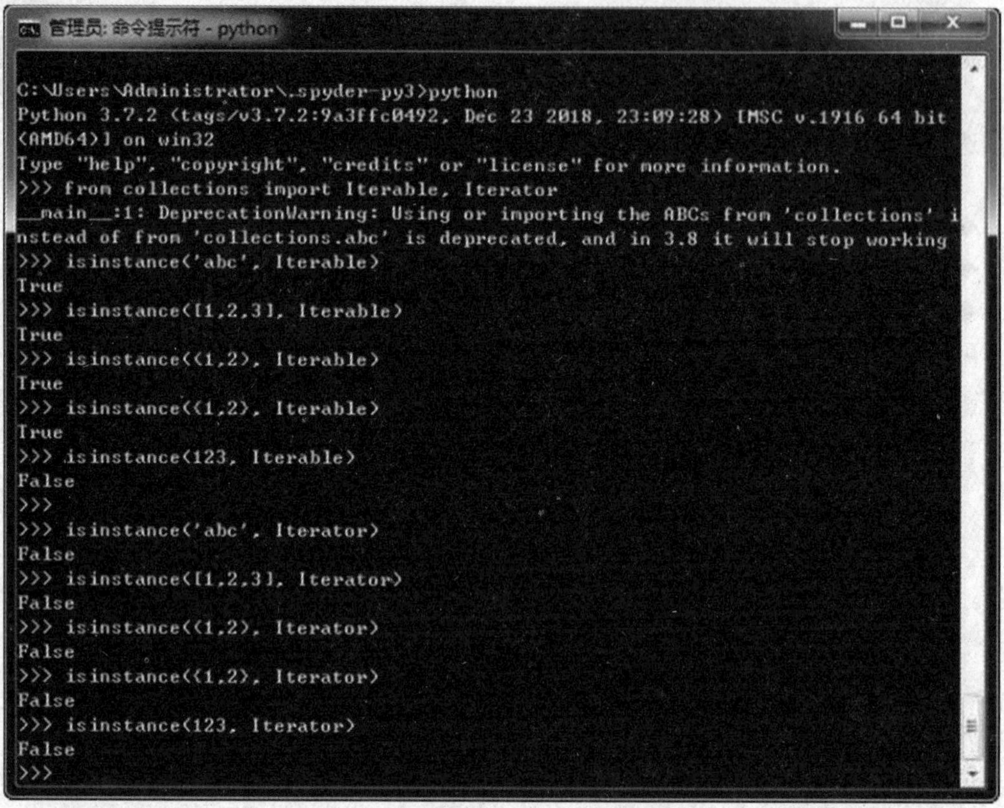

```
管理员: 命令提示符 - python

C:\Users\Administrator\.spyder-py3>python
Python 3.7.2 (tags/v3.7.2:9a3ffc0492, Dec 23 2018, 23:09:28) [MSC v.1916 64 bit
(AMD64)] on win32
Type "help", "copyright", "credits" or "license" for more information.
>>> from collections import Iterable, Iterator
__main__:1: DeprecationWarning: Using or importing the ABCs from 'collections' i
nstead of from 'collections.abc' is deprecated, and in 3.8 it will stop working
>>> isinstance('abc', Iterable)
True
>>> isinstance([1,2,3], Iterable)
True
>>> isinstance((1,2), Iterable)
True
>>> isinstance((1,2), Iterable)
True
>>> isinstance(123, Iterable)
False
>>>
>>> isinstance('abc', Iterator)
False
>>> isinstance([1,2,3], Iterator)
False
>>> isinstance((1,2), Iterator)
False
>>> isinstance((1,2), Iterator)
False
>>> isinstance(123, Iterator)
False
>>>
```

图 8-14　使用 isinstance()函数检查一个对象是迭代器还是可迭代对象

可见，字符串、列表、元组、字典都是可迭代对象，普通数字不是可迭代对象；这些数据类型的对象都不直接是迭代器。区分迭代器和可迭代对象的原则是：

- 具有__iter__()方法的对象称为可迭代对象。该方法可获取其迭代器对象。
- 具有__iter__()方法和__next__()方法的对象称为迭代器对象。该方法能够自动返回下一个结果，当到达序列结尾时，引发 StopIteration 异常。

迭代对象本身不一定是迭代器，但可以通过其__iter__()方法得到对应的迭代器对象。定义可迭代对象，必须实现__iter__()方法；定义迭代器，必须实现__iter__()和__next__()方法。

对于可迭代对象，可以使用 iter()函数得到其对应的迭代器对象，使用 next()函数获取该迭代器对象当前返回的元素，例如：

```
l = [1, 2, 3]
iterName=iter(l)
print(iterName)
print(next(iterName))
print(next(iterName))
print(next(iterName))
print(next(iterName))
```

上述代码的运行结果如图 8-15 所示。

```
管理员: 命令提示符 - python

C:\Users\Administrator\.spyder-py3>python
Python 3.7.2 (tags/v3.7.2:9a3ffc0492, Dec 23 2018, 23:09:28) [MSC v.1916 64 bit
(AMD64)] on win32
Type "help", "copyright", "credits" or "license" for more information.
>>> l = [1, 2, 3]
>>> iterName=iter(l)
>>> print(iterName)
<list_iterator object at 0x00000000028E7160>
>>> print(next(iterName))
1
>>> print(next(iterName))
2
>>> print(next(iterName))
3
>>> print(next(iterName))
Traceback (most recent call last):
  File "<stdin>", line 1, in <module>
StopIteration
>>>
```

图 8-15　使用 iter()方法得到可迭代对象对应的迭代器对象

可见，iter()函数与__iter__()方法联系非常紧密，iter()是直接调用该对象的__iter__()方法，并将其返回结果作为自己的返回值，next()函数则是调用该对象的__next__()方法获取当前元素。上例中在得到列表 l 最后一个元素 3 后再一次使用了 next()函数，而此时列表 l 中已经没有可获取的元素了，所以抛出了异常。

因此，通俗地说，可以将迭代器简单理解为“内置了 for 循环的可迭代对象”，每使用 next()函数访问一次迭代器对象，其在返回当前元素的同时，内部指针将指向下一个元素。

8.3.2　生成器

使用了 yield 语句的函数称为生成器（generator）。与普通函数不同的是，生成器是一个返回迭代器的函数，只能用于迭代操作，因此生成器实际上是一种特殊的迭代器。调用一个生成器函数，返回的是一个迭代器对象。

使用 yield 语句相当于为函数封装好__iter__()和__next__()方法。在调用生成器运行的过程中，每次遇到 yield 语句时函数会暂停并保存函数执行的状态，返回 yield 语句中表达式的值，并在下一次执行 next()方法时从当前位置继续运行。yield 可以理解为“return”，返回其后表达式的值给调用者。不同的是 return 返回后，函数会释放，而生成器则不会。在直接调用 next 方法或用 for 语句进行下一次迭代时，生成器会从 yield 下一句开始执行，直至遇到下一个 yield。

以下代码使用带 yield 语句的生成器得到斐波那契数列：

```
import sys
```

```
def Fibonacci(n):
a, b, counter = 0, 1, 0
while True:
if (counter > n):
return
yield a
a, b = b, a + b
counter += 1

f = Fibonacci(15)
while True:
try:
print(next(f), end=" ")
except StopIteration:
sys.exit()
```

上述代码的运行结果如图 8-16 所示。

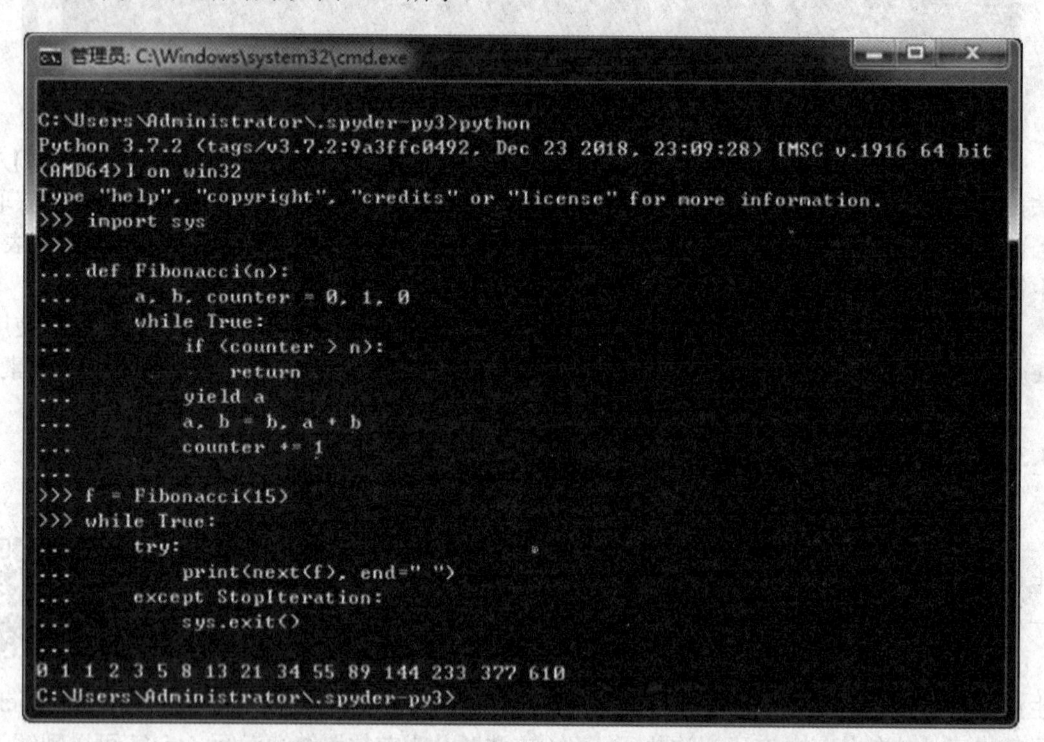

图 8-16 使用生成器得到斐波那契数列的前 15 个数字

不带 yield 语句的生成器可以用来定义生成器表达式，将列表转换为元组。使用生成器表达式取代列表推导式可以同时节省 CPU 和内存资源。例如：

```
L = [1, 2, 3, 4, 5]
T = tuple(i for i in L)
print(T)
```

上述代码的运行结果如图 8-17 所示。

```
管理员: C:\Windows\system32\cmd.exe - python
C:\Users\Administrator\.spyder-py3>python
Python 3.7.2 (tags/v3.7.2:9a3ffc0492, Dec 23 2018, 23:09:28) [MSC v.1916 64 bit
(AMD64)] on win32
Type "help", "copyright", "credits" or "license" for more information.
>>> L = [1, 2, 3, 4, 5]
>>> T = tuple(i for i in L)
>>> print(T)
(1, 2, 3, 4, 5)
>>>
```

图 8-17　使用生成器将列表转换为元组

一些 Python 内置函数可以识别这是生成器表达式，直接代入运算，例如：

```
print(sum(i for i in range(100)))
```

上述代码的运行结果如图 8-18 所示。

```
管理员: C:\Windows\system32\cmd.exe - python
C:\Users\Administrator\.spyder-py3>python
Python 3.7.2 (tags/v3.7.2:9a3ffc0492, Dec 23 2018, 23:09:28) [MSC v.1916 64 bit
(AMD64)] on win32
Type "help", "copyright", "credits" or "license" for more information.
>>> print(sum(i for i in range(100)))
4950
>>>
```

图 8-18　Python 内置函数识别生成器并代入运算

注意，根据左开右闭原则，上述代码中的 range(100)得到的列表是从 0 到 99，不包括 100。

8.4　装饰器

按照 Python 的编程原则，当一个函数被定义后，如要修改或扩展其功能应尽量避免直接修改函数定义的代码段，否则该函数在其他地方被调用时将无法正常运行。因此，当需要修改或扩展已被定义的函数的功能而不希望直接修改其代码时，可以使用装饰器。先来看一个简单的例子：

```
def func1(function):
print("这里是执行 function()函数之前")
def wrapper():
function()
```

```
wrapper()
print("这里是执行 function()函数之后")

@func1
def func2():
print("正在执行 function()函数")
```

上述代码的运行结果如图 8-19 所示。

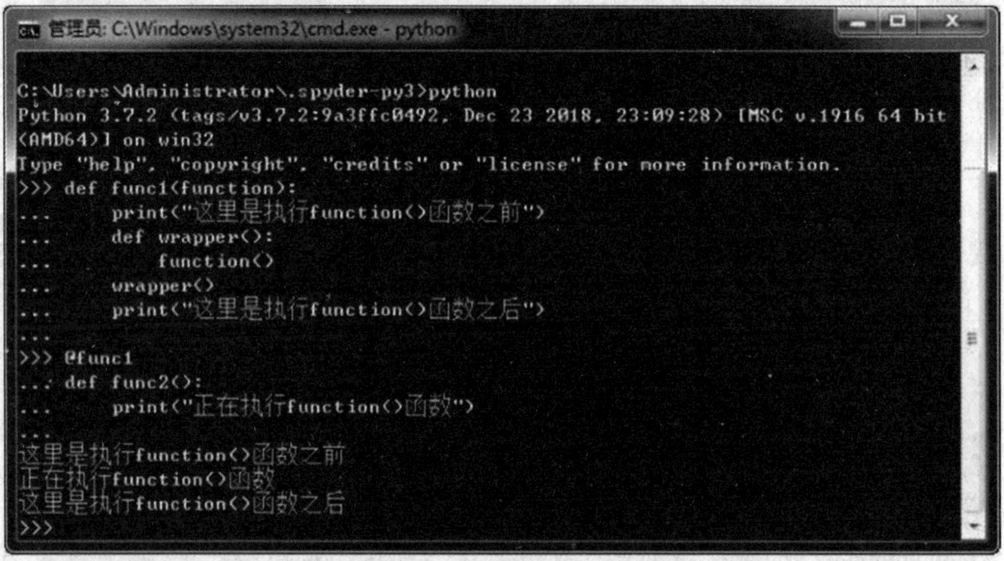

```
管理员: C:\Windows\system32\cmd.exe - python
C:\Users\Administrator\.spyder-py3>python
Python 3.7.2 (tags/v3.7.2:9a3ffc0492, Dec 23 2018, 23:09:28) [MSC v.1916 64 bit
(AMD64)] on win32
Type "help", "copyright", "credits" or "license" for more information.
>>> def func1(function):
...     print("这里是执行function()函数之前")
...     def wrapper():
...         function()
...     wrapper()
...     print("这里是执行function()函数之后")
...
>>> @func1
... def func2():
...     print("正在执行function()函数")
...
这里是执行function()函数之前
正在执行function()函数
这里是执行function()函数之后
>>>
```

图 8-19　一个装饰器的例子

这里

```
@func1
```

等效于

```
func1(func2)
```

在 Python 中一切皆是对象，所以装饰器本质上是一个返回函数的高阶函数。结合 8.1.3 介绍的关键字参数，可以将一个函数作为其外部函数的返回值，例如：

```
def func1(arg = True):
def func2():
print("This is func2() function")
def func3():
print("This is func3() function")
if arg == True:
return func2
else:
```

```
    return func3

func1()()
```

上述代码的运行结果如图 8-20 所示。

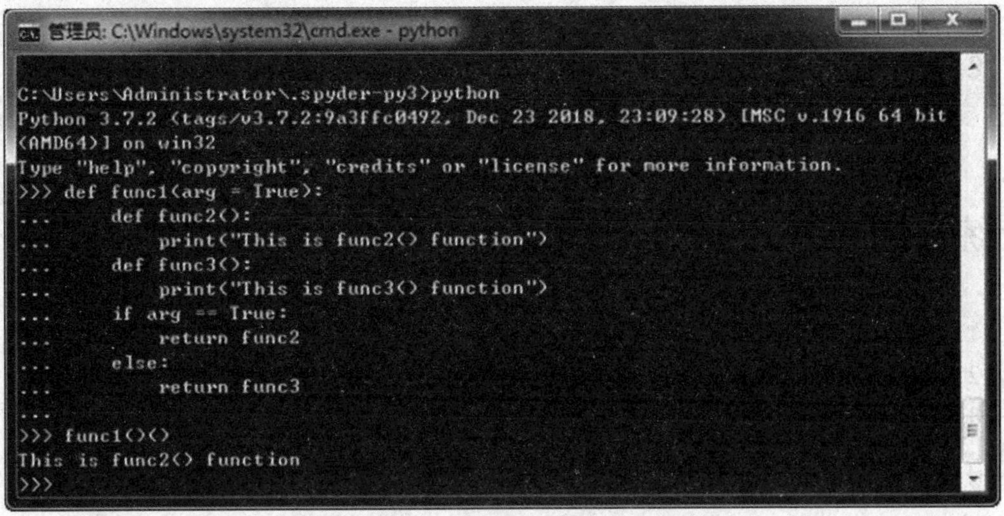

图 8-20　装饰器将一个函数作为其外部函数的返回值

可以看到，调用 func1()时实际上运行了 func2()函数，第二对括号是用以运行 func2()函数的，如果不写这对括号，将只会得到 func2()函数的引用信息，如图 8-21 所示。

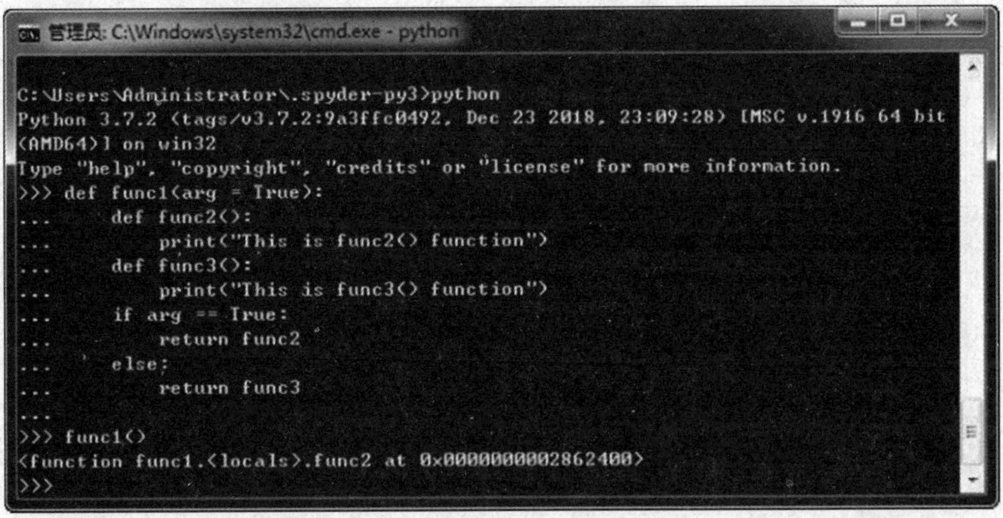

图 8-21　使用装饰器得到内部函数的引用

装饰器也支持嵌套，嵌套的装饰器的执行顺序是从里向外，最先调用最里层的装饰器，最后调用最外层的装饰器，例如：

```
@a
@b
@c
def f():
pass
```

将按照以下顺序执行：

```
f = a(b(c(f)))
```

★练一练★

1．使用 def 命名的函数与匿名函数之间有什么区别？变量作用域的顺序是什么？
2．可迭代对象与迭代器对象的区别是什么？
3．装饰器的作用是什么？嵌套装饰器的执行顺序是什么？

9 面向对象编程

面向过程编程与面向对象编程体现了编程者的两种不同的思维方式，本章主要介绍面向过程编程与面向对象编程的区别和联系及 Python 语言中面向对象编程的基础知识。

9.1 面向对象与面向过程

面向过程是一种以过程为中心的编程思想，它首先分析出解决问题所需要的步骤，然后用函数把这些步骤一步一步实现，在使用时依次调用，是一种基础的顺序的思维方式。面向过程开发方式是对计算机底层结构的一层抽象，它将程序分为数据和操纵数据的操作两部分，其核心问题是数据结构和算法的开发和优化。常见的支持面向过程的编程语言有 C 语言、COBOL 语言等。

面向对象是按人们认识客观世界的系统思维方式，采用基于对象（实体）的概念建立模型，模拟客观世界分析、设计、实现软件的编程思想，通过面向对象的理念使计算机软件系统能与现实世界中的系统一一对应。面向对象方法直接把所有事物都当作独立的对象，处理问题过程中所思考的不再主要是怎样用数据结构来描述问题，而是直接考虑重现问题中各个对象之间的关系。面向对象方法的基础实现中也包含面向过程的思想。常见的支持面向对象的编程语言有 C++语言、C#语言、Java 语言等。

具体来说，面向对象与面向过程有以下四个方面的不同：

- 出发点不同。面向对象使用符合常规思维的方式来处理客观世界的问题，强调把解决问题领域的“动作”直接映射到对象之间的接口上。而面向过程则强调的是过程的抽象化与模块化，是以过程为中心构造或处理客观世界问题。

- 层次逻辑关系不同。面向对象使用计算机逻辑来模拟客观世界中的物理存在，以对象的集合类作为处理问题的单位，尽可能地使计算机世界向客观世界靠拢，以使处理问题的方式更清晰直接，面向对象使用类的层次结构来体现类之间的继承与发展。面向过程处理问题的基本单位是能清晰准确地表达过程的模块，用模块的层次结构概括模块或模块间的关系与功能，把客观世界的问题抽象成计算机可以处理的过程。
- 数据处理方式与控制程序方式不同。面向对象将数据与对应的代码封装成一个整体，原则上其他对象不能直接修改其数据，即对象的修改只能由自身的成员函数完成，控制程序方式上是通过“事件驱动”来激活和运行程序的。而面向过程是直接通过程序来处理数据，处理完毕后即可显示处理的结果，在控制方式上是按照设计调用或返回程序，不能自由导航，各模块之间存在着控制与被控制，调动与被调用的关系。
- 分析设计与编码转换方式不同。面向对象贯穿于软件生命周期的分析、设计及编码中，是一种平滑的过程，从分析到设计再到编码是采用一致性的模型表示，实现的是一种无缝连接。而面向过程强调分析、设计及编码之间按规则进行转换贯穿于软件生命周期的分析、设计及编码中，实现的是一种有缝的连接。

面向对象和面向过程的特性和优缺点对比如表 9-1 所示。

表 9-1 面向对象和面向过程的特性和优缺点对比

	面向对象	面向过程
特性	抽象、继承、封装、多态	功能模块化，代码流程化
优点	易维护、易复用、易扩展、低耦合	性能高，适合资源紧张、实时性强的场合
缺点	性能比面向过程低	没有面向对象易维护、易复用、易扩展

面向对象的编程方法有四个基本特性：

- 抽象：就是忽略一个主题中与当前目标无关的方面，以便更充分地注意与当前目标有关的方面。抽象并不打算了解全部问题，而只是选择其中的一部分，暂时不用部分细节。抽象包括两个方面，一是过程抽象，二是数据抽象。过程抽象是指任何一个明确定义功能的操作都可被使用者看作单个的实体看待，尽管这个操作实际上可能由一系列更低级的操作来完成。数据抽象定义了数据类型和施加于该类型对象上的操作，并限定了对象的值，只能通过使用这些操作修改和观察。
- 继承：这是一种联结类的层次模型，并且允许和鼓励类的重用，它提供了一种明确表述共性的方法。对象的一个新类可以从现有的类中派生，这个过程称为类继承。新类继承了原始类的特性，新类称为原始类的派生类（子类），而原始类称为新类的基类（父类）。派生类可以从它的基类那里继承方法和实例变量，并且类可以修改或增加新的方法使之更适合特殊的需要。这也体现了大自然中一般与特殊的关系。继承性很好地解决了软件的可重用性问题。

- 封装：就是把过程和数据包围起来，对数据的访问只能通过已定义的接口。面向对象的计算始于这个基本概念，即现实世界可以被描绘成一系列完全自治、封装的对象，这些对象通过一个受保护的接口访问其他对象。一旦定义了一个对象的特性，则有必要决定这些特性的可见性，即哪些特性对外部世界是可见的，哪些特性用于表示内部状态。在这个阶段定义对象的接口。通常，应禁止直接访问一个对象的实际表示，而应通过操作接口访问对象，这称为信息隐藏。封装保证了模块具有较好的独立性，使得程序维护修改较为容易。对应用程序的修改仅限于类的内部，因而可以将应用程序修改带来的影响减少到最低限度。
- 多态：是指允许不同类的对象对同一消息做出响应。比如同样的复制-粘贴操作，在字处理程序和绘图程序中有不同的效果。多态性包括参数化多态性和包含多态性。多态性语言具有灵活、抽象、行为共享、代码共享的优势，很好地解决了应用程序函数同名问题。

为了进一步理解面向对象和面向过程的不同，以设计一个五子棋程序为例，面向过程的设计思路是，首先分析问题的步骤：①开始游戏；②黑子先走；③绘制画面；④判断输赢；⑤轮到白子；⑥绘制画面；⑦判断输赢；⑧返回步骤②；⑨输出最后结果，然后将上面每个步骤用程序来实现即可。

面向对象的设计则将程序分为三类对象：①黑白双方，这两方的行为是一模一样的；②棋盘系统，负责绘制画面；③规则系统，负责判定诸如犯规、输赢等。第①类对象（玩家对象）负责接受用户输入，并告知第②类对象（棋盘对象）棋子布局的变化，棋盘对象接收到了棋子的变化就要负责在屏幕上面显示出这种变化，同时利用第③类对象（规则系统）来对棋局进行判定。

可见，面向对象是以功能来划分问题，而不是步骤。同样是绘制棋局，这样的行为在面向过程的设计中分散在了多个步骤中，很可能出现不同的绘制版本，而面向对象的设计中，绘图只可能在棋盘对象中出现，从而保证了绘图的统一。功能上的统一保证了面向对象设计的可扩展性。如要加入悔棋功能，若是面向过程设计，则从输入到判断到显示的若干步骤都要改动，甚至步骤之间的先后顺序都可能需要调整。而若是面向对象设计，则只需改动第②类对象（棋盘对象）即可，棋盘对象保存了黑白双方的棋谱和落子先后顺序，简单回溯操作即可实现悔棋功能，并不涉及显示和规则部分，改动是局部可控的。

9.2 类和对象

Python 从设计之初就是一门面向对象的语言，Python 中的一切数据都是对象。Python 中涉及面向对象的术语主要有：

- 类：用来描述具有相同的属性和方法的对象的集合，定义了该集合中每个对象所共有的属性和方法。类是生成对象的“模板”。
- 对象：通过类定义的数据结构实例。对象由类变量、实例变量和方法构成。
- 数据成员：类变量或者实例变量，用于处理类及其实例对象的相关的数据，又称属性。

◆ 类变量：同一个类的所有对象均可访问的变量，类变量在整个实例化的对象中是公用的。类变量定义在类中且在函数体之外。类变量通常不作为实例变量使用。

◆ 实例变量：在类的声明中，属性是用变量来表示的。这种变量就称为实例变量，是在类声明的内部但是在类的其他成员方法之外声明的。

◆ 方法：类中定义的函数。

◆ 实例化：创建一个类的实例，即生成类的一个具体对象。

◆ 继承：即一个派生类（Derived Class，也称子类）继承基类（Base Class，也称父类）的字段和方法。继承也允许把一个派生类的对象作为一个基类对象对待。

◆ 方法重写：在子类中定义与父类同名的方法，这个过程称为方法的重写（Overwrite），又称方法的覆盖（Override）。

Python 中定义一个类的语法如下：

```
class 类名:
<数据成员声明 1>
......
<数据成员声明 N>
```

定义类后可以将其实例化得到一个对象，并通过操作对象完成目标任务，例如：

```
class Class1:
i = 123
def func1(self):
return 'Hello there!'

x = Class1()
print("Class1 类的属性 i 为: ", x.i)
print("Class1 类的方法 func1() 输出为: ", x.func1())
```

上述代码的运行结果如图 9-1 所示。

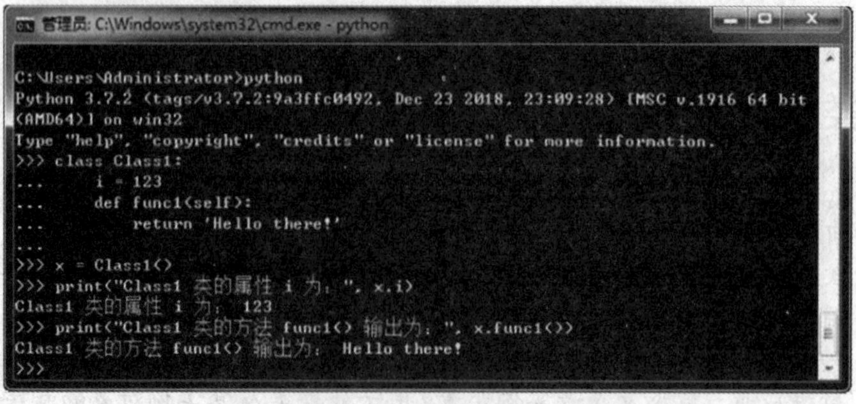

```
管理员: C:\Windows\system32\cmd.exe - python

C:\Users\Administrator>python
Python 3.7.2 (tags/v3.7.2:9a3ffc0492, Dec 23 2018, 23:09:28) [MSC v.1916 64 bit
(AMD64)] on win32
Type "help", "copyright", "credits" or "license" for more information.
>>> class Class1:
...     i = 123
...     def func1(self):
...         return 'Hello there!'
...
>>> x = Class1()
>>> print("Class1 类的属性 i 为: ", x.i)
Class1 类的属性 i 为:  123
>>> print("Class1 类的方法 func1() 输出为: ", x.func1())
Class1 类的方法 func1() 输出为:  Hello there!
>>>
```

图 9-1 定义类 Class1 并实例化、调用其成员变量和方法

类内部的变量分为类变量和实例变量两种，类变量的定义和普通变量一样，调用时使用

```
类名.变量名
```

的方式直接访问，类的实例也能访问类变量。实例变量则是以 self.开头，仅供各个实例对象使用。

类内部的方法分为三种：

- 实例方法：是指该类的每个实例都可以调用到的方法，只有实例能调用实例方法。与普通函数不同的是，实例方法有一个额外的第一个参数，其名称按惯例是 self。
- 类方法：是将类本身作为对象进行操作的方法，类本身和实例都可以调用类方法。定义时使用@classmethod 进行装饰，其第一个参数是类，名称按惯例是 cls。实例方法和类方法都是依赖于 Python 的修饰器实现的。
- 静态方法：是一种存在于类中的普通函数，不会对任何实例类型进行操作，类本身和实例都可以调用静态方法，定义时以@staticmethod 进行装饰声明。

Python 中定义一个类派生自另一个类的语法如下：

```
class 派生类名(基类名):
<数据成员声明 1>
......
<数据成员声明 N>
```

基类 BaseClassName 必须与派生类 DerivedClassName 定义在同一个作用域内。如基类来自不同的模块，可以在类名前添加模块名。在定义派生类时可以重写基类的方法。例如：

```
class Animal:
name = ""
def Speak(self):
pass

class Cat(Animal):
name = "狗"
def Speak(self):
print("喵～喵～喵～")

class Human(Animal):
name = "人"
def Speak(self):
print("你好～")

c = Cat()
c.Speak()
h = Human()
h.Speak()
```

上述代码的运行结果如图 9-2 所示。

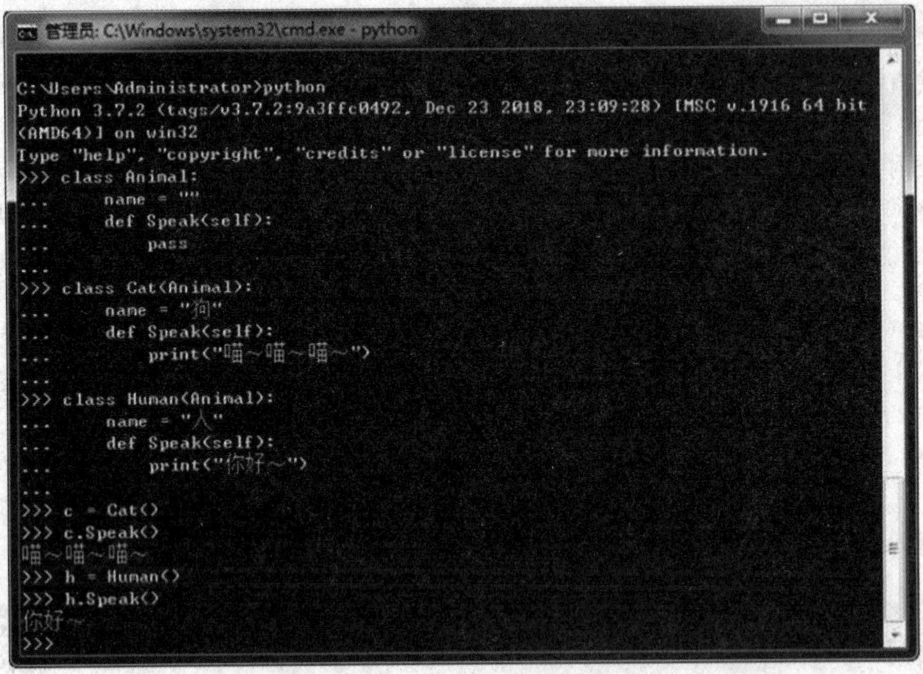

```
管理员: C:\Windows\system32\cmd.exe - python
C:\Users\Administrator>python
Python 3.7.2 (tags/v3.7.2:9a3ffc0492, Dec 23 2018, 23:09:28) [MSC v.1916 64 bit
(AMD64)] on win32
Type "help", "copyright", "credits" or "license" for more information.
>>> class Animal:
...     name = ""
...     def Speak(self):
...         pass
...
>>> class Cat(Animal):
...     name = "狗"
...     def Speak(self):
...         print("喵～喵～喵～")
...
>>> class Human(Animal):
...     name = "人"
...     def Speak(self):
...         print("你好～")
...
>>> c = Cat()
>>> c.Speak()
喵～喵～喵～
>>> h = Human()
>>> h.Speak()
你好～
>>>
```

图 9-2　类的继承与方法的重写

Python 支持有限的多重继承，其语法为：

```
class 派生类名(基类 1, 基类 2, ……, 基类 N):
<数据成员声明 1>
......
<数据成员声明 N>
```

需要注意小括号中父类的顺序，若是父类中有相同的方法名，而在子类使用时未指定，Python 将按照从左至右的顺序在这些父类中查找该方法。例如：

```
class Animal:
name = ""
def Speak(self):
pass

class Cat(Animal):
name = "狗"
def Speak(self):
print("喵～喵～喵～")

class Human(Animal):
name = "人"
def Speak(self):
```

```
print("你好～")

class Actor(Human, Cat):
name = "演员"
def Speak(self):
Human.Speak(self)
Cat.Speak(self)

a = Actor()
a.Speak()
```

以上代码的运行结果如图 9-3 所示。

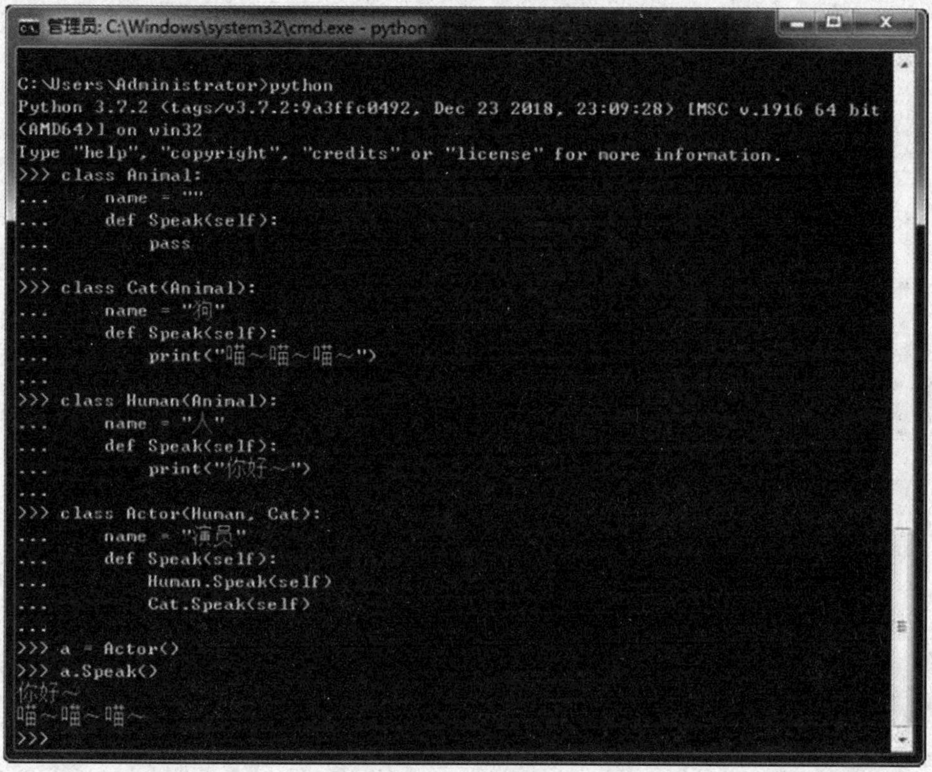

```
管理员: C:\Windows\system32\cmd.exe - python

C:\Users\Administrator>python
Python 3.7.2 (tags/v3.7.2:9a3ffc0492, Dec 23 2018, 23:09:28) [MSC v.1916 64 bit
(AMD64)] on win32
Type "help", "copyright", "credits" or "license" for more information.
>>> class Animal:
...     name = ""
...     def Speak(self):
...         pass
...
>>> class Cat(Animal):
...     name = "狗"
...     def Speak(self):
...         print("喵～喵～喵～")
...
>>> class Human(Animal):
...     name = "人"
...     def Speak(self):
...         print("你好～")
...
>>> class Actor(Human, Cat):
...     name = "演员"
...     def Speak(self):
...         Human.Speak(self)
...         Cat.Speak(self)
...
>>> a = Actor()
>>> a.Speak()
你好～
喵～喵～喵～
>>>
```

图 9-3　多重继承与方法的重写

与 C++、C#、Java 等语言相似，Python 支持将类的属性和方法设置成特定的访问权限，但不是通过关键字区分，而是使用一套约定式的规则：

- 使用两个下画线“__”开头的属性或方法为私有（private）属性或方法，不能在类的外部直接访问，在类内部以“self.__属性名或方法名”的方式使用。
- 使用一个下画线“_”开头的属性或方法为保护（protected）属性或方法，只能在类或其派生类中访问，在类内部以“self._属性名或方法名”的方式使用。

◆ 其他的属性或方法为公有（public）属性或方法，可在类的外部直接访问，在类内部以“self.属性名或方法名”的方式使用。

以下例子展示了三种不同访问权限的属性和方法：

```
class Class1:
public1 = 111
_protected1 = 222
__private1 = 333
def publicFunc1(self):
pass
def _protectedFunc1(self):
pass
def __privateFunc1(self):
pass

class Class2(Class1):
public2 = 444
_protected2 = 555
__private2 = 666
def publicFunc2(self):
pass
def _protectedFunc2(self):
pass
def __privateFunc2(self):
pass

c1 = Class1()
print(c1.public1)
print(c1._protected1)
print(c1.__private1)
c1.publicFunc1()
c1._protectedFunc1()
c1.__privateFunc1()

c2 = Class2()
print(c2.public1)
print(c2._protected1)
print(c2.__private1)
print(c2.public2)
print(c2._protected2)
print(c2.__private2)
c2.publicFunc1()
c2._protectedFunc1()
c2.__privateFunc1()
c2.publicFunc2()
c2._protectedFunc2()
c2.__privateFunc2()
```

上述代码的运行结果如图 9-4 所示。

```
管理员: C:\Windows\system32\cmd.exe - python

C:\Users\Administrator>python
Python 3.7.2 (tags/v3.7.2:9a3ffc0492, Dec 23 2018, 23:09:28) [MSC v.1916 64 bit
(AMD64)] on win32
Type "help", "copyright", "credits" or "license" for more information.
>>> class Class1:
...     public1 = 111
...     _protected1 = 222
...     __private1 = 333
...     def publicFunc1(self):
...         pass
...     def _protectedFunc1(self):
...         pass
...     def __privateFunc1(self):
...         pass
...
>>> class Class2(Class1):
...     public2 = 444
...     _protected2 = 555
...     __private2 = 666
...     def publicFunc2(self):
...         pass
...     def _protectedFunc2(self):
...         pass
...     def __privateFunc2(self):
...         pass
...
>>> c1 = Class1()
>>> print(c1.public1)
111
>>> print(c1._protected1)
222
>>> print(c1.__private1)
Traceback (most recent call last):
  File "<stdin>", line 1, in <module>
AttributeError: 'Class1' object has no attribute '__private1'
>>> c1.publicFunc1()
>>> c1._protectedFunc1()
>>> c1.__privateFunc1()
Traceback (most recent call last):
  File "<stdin>", line 1, in <module>
AttributeError: 'Class1' object has no attribute '__privateFunc1'
>>>
>>> c2 = Class2()
>>> print(c2.public1)
111
>>> print(c2._protected1)
222
>>> print(c2.__private1)
Traceback (most recent call last):
  File "<stdin>", line 1, in <module>
AttributeError: 'Class2' object has no attribute '__private1'
>>> print(c2.public2)
444
>>> print(c2._protected2)
555
>>> print(c2.__private2)
Traceback (most recent call last):
  File "<stdin>", line 1, in <module>
AttributeError: 'Class2' object has no attribute '__private2'
>>> c2.publicFunc1()
>>> c2._protectedFunc1()
>>> c2.__privateFunc1()
Traceback (most recent call last):
  File "<stdin>", line 1, in <module>
AttributeError: 'Class2' object has no attribute '__privateFunc1'
>>> c2.publicFunc2()
>>> c2._protectedFunc2()
>>> c2.__privateFunc2()
Traceback (most recent call last):
  File "<stdin>", line 1, in <module>
AttributeError: 'Class2' object has no attribute '__privateFunc2'
>>>
```

图 9-4　类的三种不同访问权限的属性和方法

可以看到，在外部直接访问类的私有属性或方法时触发了 AttributeError 异常。

9.3 魔术方法

Python 中的类有一些特殊的方法，方法名前后分别添加了两个下画线“_ _”，这些方法统称“魔术方法”（Magic Method），使用魔术方法可以实现运算符重载，也可以将复杂的逻辑封装成简单的 API。Python 3 中常用的魔术方法如表 9-2 所示。

表 9-2　Python 3 中常用的魔术方法

魔术方法	描　述
__new__	创建类并返回这个类的实例
__init__	可理解为“构造函数”，在对象初始化的时候调用，使用传入的参数初始化该实例
__del__	可理解为“析构函数”，当一个对象进行垃圾回收时调用
__metaclass__	定义当前类的元类
__class__	查看对象所属的类
__base__	获取当前类的父类
__bases__	获取当前类的所有父类
__str__	定义当前类的实例的文本显示内容
__getattribute__	定义属性被访问时的行为
__getattr__	定义试图访问一个不存在的属性时的行为
__setattr__	定义对属性进行赋值和修改操作时的行为
__delattr__	定义删除属性时的行为
__copy__	定义对类的实例调用 copy.copy()获得对象的一个浅拷贝时所产生的行为
__deepcopy__	定义对类的实例调用 copy.deepcopy()获得对象的一个深拷贝时所产生的行为
__eq__	定义相等符号“==”的行为
__ne__	定义不等符号“!=”的行为
__lt__	定义小于符号“<”的行为
__gt__	定义大于符号“>”的行为
__le__	定义小于等于符号“<=”的行为
__ge__	定义大于等于符号“>=”的行为
__add__	实现操作符“+”表示的加法
__sub__	实现操作符“-”表示的减法
__mul__	实现操作符“*”表示的乘法
__div__	实现操作符“/”表示的除法

（续表）

魔术方法	描　述
__mod__	实现操作符“%”表示的取模（求余数）
__pow__	实现操作符“**”表示的指数操作
__and__	实现按位与操作
__or__	实现按位或操作
__xor__	实现按位异或操作
__len__	用于自定义容器类型，表示容器的长度
__getitem__	用于自定义容器类型，定义当某一项被访问时，使用 self[key]所产生的行为
__setitem__	用于自定义容器类型，定义执行 self[key] = value 时产生的行为
__delitem__	用于自定义容器类型，定义一个项目被删除时的行为
__iter__	用于自定义容器类型，一个容器迭代器
__reversed__	用于自定义容器类型，定义当 reversed()被调用时的行为
__contains__	用于自定义容器类型，定义调用 in 和 not in 来测试成员是否存在的时候所产生的行为
__missing__	用于自定义容器类型，定义在容器中找不到 key 时触发的行为

以下代码使用魔术方法，采用运算符重载的方式实现了向量的加减法操作：

```
class Vector:
a = None
b = None
def __init__(self, a, b):
self.a = a
self.b = b
def __str__(self):
return '向量(%d, %d)' % (self.a, self.b)
def __add__(self, other):
return Vector(self.a + other.a, self.b + other.b)
def __sub__(self, other):
return Vector(self.a - other.a, self.b - other.b)

v1 = Vector(1, 2)
v2 = Vector(3, 4)
print(v1, "+", v2, "=", v1 + v2)
print(v1, "-", v2, "=", v1 - v2)
```

上述代码的运行结果如图 9-5 所示。

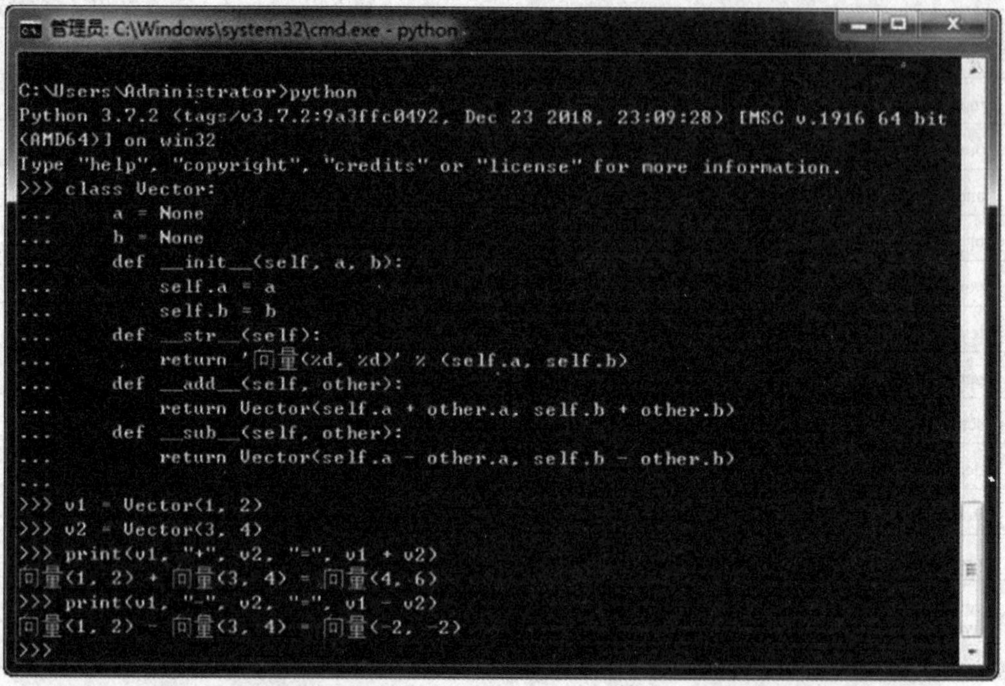

```
管理员: C:\Windows\system32\cmd.exe - python

C:\Users\Administrator>python
Python 3.7.2 (tags/v3.7.2:9a3ffc0492, Dec 23 2018, 23:09:28) [MSC v.1916 64 bit
(AMD64)] on win32
Type "help", "copyright", "credits" or "license" for more information.
>>> class Vector:
...     a = None
...     b = None
...     def __init__(self, a, b):
...         self.a = a
...         self.b = b
...     def __str__(self):
...         return '向量(%d, %d)' % (self.a, self.b)
...     def __add__(self, other):
...         return Vector(self.a + other.a, self.b + other.b)
...     def __sub__(self, other):
...         return Vector(self.a - other.a, self.b - other.b)
...
>>> v1 = Vector(1, 2)
>>> v2 = Vector(3, 4)
>>> print(v1, "+", v2, "=", v1 + v2)
向量(1, 2) + 向量(3, 4) = 向量(4, 6)
>>> print(v1, "-", v2, "=", v1 - v2)
向量(1, 2) - 向量(3, 4) = 向量(-2, -2)
>>>
```

图 9-5　使用魔术方法，采用运算符重载的方式实现了向量的加减法操作

★练一练★

1. 面向对象与面向过程的设计方法有什么区别和联系？
2. 如何实现派生类的多重继承？如何为类的属性和方法设置不同级别的访问权限？
3. 魔术方法有什么作用？

10 输入输出与文件操作

编程语言的交互性主要体现在输入输出和文件操作上，本章主要介绍了 Python 语言在输入输出和文件操作方面的基础知识。

10.1 终端输入与输出

Python 中的输入和输出主要分为终端和文件两种。终端输出常用 print()函数实现，本书前边章节已经多次使用，print()函数输出字符串通常有两种方式，一是使用 str()函数将数字型数据转换为字符串，二是使用 format()函数，下边结合终端输入进行讲解。终端输入常用 input()函数实现，例如：

```
var = input("What is your name?")
```

此时通过键盘输入一些内容并按回车键结束输入，然后使用 print()函数输出变量 var 的内容，如图 10-1 所示。

```
管理员: C:\Windows\system32\cmd.exe - python
C:\Users\Administrator\.spyder-py3>python
Python 3.7.2 (tags/v3.7.2:9a3ffc0492, Dec 23 2018, 23:09:28) [MSC v.1916 64 bit
(AMD64)] on win32
Type "help", "copyright", "credits" or "license" for more information.
>>> var = input("What is your name?")
What is your name?^_^
>>> print(var)
^_^
>>>
```

图 10-1 使用 input()函数获取键盘输入的内容

注意，终端输入的内容一律被认为是字符串，若需要数字型数据，可以使用 int()或 float()函数转换，例如：

```
height = input("输入长方形的高度：")
width = input("输入长方形的宽度：")
print("长方形的面积是：", float(height) * float(width))
```

上述代码的运行结果如图 10-2 所示。

```
管理员: C:\Windows\system32\cmd.exe - python

C:\Users\Administrator\.spyder-py3>python
Python 3.7.2 (tags/v3.7.2:9a3ffc0492, Dec 23 2018, 23:09:28) [MSC v.1916 64 bit
(AMD64)] on win32
Type "help", "copyright", "credits" or "license" for more information.
>>> height = input("输入长方形的高度：")
输入长方形的高度：2.3
>>> width = input("输入长方形的宽度：")
输入长方形的宽度：4.8
>>> print("长方形的面积是：", float(height) * float(width))
长方形的面积是： 11.04
>>>
```

图 10-2　使用 int()或 float()函数将终端输入的字符串转换为数字

上述代码最后一句还可以使用以下方式输出到终端屏幕：

```
print("长方形的面积是：" + str(float(height) * float(width)))
print("长方形的面积是：{}".format(float(height) * float(width)))
```

上述代码的运行结果如图 10-3 所示。

```
管理员: C:\Windows\system32\cmd.exe - python

C:\Users\Administrator\.spyder-py3>python
Python 3.7.2 (tags/v3.7.2:9a3ffc0492, Dec 23 2018, 23:09:28) [MSC v.1916 64 bit
(AMD64)] on win32
Type "help", "copyright", "credits" or "license" for more information.
>>> height = input("输入长方形的高度：")
输入长方形的高度：2.3
>>> width = input("输入长方形的宽度：")
输入长方形的宽度：4.8
>>> print("长方形的面积是：", float(height) * float(width))
长方形的面积是： 11.04
>>> print("长方形的面积是：" + str(float(height) * float(width)))
长方形的面积是：11.04
>>> print("长方形的面积是：{}".format(float(height) * float(width)))
长方形的面积是：11.04
>>>
```

图 10-3　使用 str()或 format()函数输出

format()函数还有以下常用用法：

```
name = "小明"
age = "15"
height = 1.62
print("我叫{0}，今年{1}岁，我的身高是{2}米。".format(name, age, height))
print("我叫{0}，今年{1}岁。在中国，{0}是一个很常见的名字，也有很多人和我年龄一样，{1}岁。".format(name, age))
print("我叫{}，今年{}岁，我的身高是{:.1f}米。".format(name, age, height))
print("我叫{0}，今年{1}岁，我的身高是{2:.1f}米，准确地说是{2}米。".format(name, age, height))
print("我叫{data1}，今年{data2}岁，我的身高是{height:.1f}米，准确地说是{height}米。".format(data1=name, data2=age, height=height))
```

上述代码的运行结果如图 10-4 所示。

图 10-4　format()函数的其他常用用法

上述代码中使用了冒号格式语法，其格式是冒号左边写下标或名称，冒号右边写格式。

10.2　读取和写入文件

文件的操作主要分为读取和写入两种，读取文件是指将磁盘上的文件内容读入内存或命名管道，写入文件则是将内存、缓冲区或命名管道内的内容写入磁盘上指定文件。Python 中操作文件也有两种常用方法，一是使用内置支持的 file 对象完成大部分文件操作，二是使用 os 模块提供的更为丰富的函数完成对文件和目录的操作，二者常用函数列表详见附录 B。

在读取或写入文件之前，必须使用内置函数 open()打开它，其语法是：

```
    file object = open(filename [, accessmode="r"][, buffering="-1"]
[, encoding=None][, errors=None][,newline=None][, closefd=True]
[, opener=None])
```

其中 filename 是要访问的文件的文件名字符串，accessmode 用于指定文件打开的模式，详细的模式见表 10-1。

表 10-1　open()函数的 accessmode 参数

模　式	描　述
r	以只读方式打开文件，指针指向文件头
rb	以只读方式打开二进制文件，指针指向文件头
r+	以读写方式打开文件，指针指向文件头
rb+	以读写方式打开二进制文件，指针指向文件头
w	以只写方式打开文件，若文件已存在则覆盖该文件，若文件不存在则创建新文件
wb	以只写方式打开二进制文件，若文件已存在则覆盖该文件，若文件不存在则创建新文件
w+	以读写方式打开文件，若文件已存在则覆盖该文件，若文件不存在则创建新文件
wb+	以读写方式打开二进制文件，若文件已存在则覆盖该文件，若文件不存在则创建新文件
a	以追加方式打开文件，指针指向文件尾，若文件不存在则创建新文件
ab	以追加方式打开二进制文件，指针指向文件尾，若文件不存在则创建新文件
a+	以追加、读写方式打开文件，指针指向文件尾，若文件不存在则创建新文件
ab+	以追加、读写方式打开二进制文件，指针指向文件尾，若文件不存在则创建新文件

通常，文件以文本模式被打开，这意味着从文件读出和向文件写入的字符串会被特定的编码方式（默认是 UTF-8）编码。而以二进制模式打开文件表示数据会以字节对象的形式读出和写入，这种模式应该用于存储非文本内容的文件。在文本模式下，读取时默认会将平台有关的行结束符（UNIX 上是\n , Windows 上是\r\n）转换为\n，在文本模式下写入时默认会将出现的\n 转换成平台有关的行结束符，这种做法可能会损坏二进制文件，因此对不同类型的文件要采用正确的模式读写。

buffering 用于指明访问文件时的缓冲区设置，取值为 0 表示不使用缓冲，取值为 1 表示在访问文件进行时使用行缓冲（仅用于文本模式），取值为大于 1 的整数表示使用固定大小的缓冲区进行缓冲，取值为负数表示使用系统默认大小的缓冲区。

encoding 用于编码或解码文件的编码名称。该参数应仅用于文本模式，默认的编码是平台依赖的。

errors 用于指定如何操作编、解码的错误，此参数不能用于二进制模式。常见的可取值如表 10-2 所示。

表 10-2　open()函数的 errors 参数

可 取 值	描　述
strict 或 None	如果有编码错误，引发 ValueError 异常
ignore	忽略错误
replace	在出现畸形数据的地方插入替代符号
surrogateescape	将任何不正确的字节以 Unicode Private Use Area 中的代码点表示
xmlcharrefreplace	编码不支持的字符会用适当的 XML 字符替换，只支持写入文件
backslashreplace	使用反斜杠转义序列替换畸形数据
namereplace	使用\n{…}转义序列替换不支持的字符，只支持写入文件

newline 用于控制通用换行模式如何运行（只支持文本模式），取值可以是 None、（空串）、\n、\r 和\r\n。当读取输入时，如果取值为 None，启用通用换行模式，输入中的行尾可以是\n、\r 或\r\n，在返回给调用者前会被转换为\n；如果参数值是（空串）也将启用通用换行模式，但是返回给调用者时行尾不做转换；如果取值为其他任意合法值，输入行以给定字符串结束，返回给调用者时行尾也不做转换。当输出写入时，如果取值为 None，任意写入的\n 将被转换为系统默认的行分隔符；如果取值为（空串）或\n，不进行转换；如果取值为其他任意合法值，所有写入的\n 字符将转换为给定字符串。

closefd 指明关闭文件时文件描述符的状态。若 closefd 为 False，且给定文件描述符（注意不是文件名），则当文件关闭时文件描述符将保持打开。若给定文件名，则 closefd 必须为 True（默认），否则将引发错误。

opener 用于传递调用一个自定义打开器，通过调用 opener 获取文件对象的文件描述符。

以下代码使用内置支持的 file 对象展示了常见的文件操作：

```
# 打开文件
f = open("test.txt", "w+")
# 获取文件描述符
print(f.fileno())
# 写入文本
f.write( "Python 语言很强大。\n 是的，的确非常强大!\n" )
# 关闭文件
f.close()
# 以只读方式打开文件
f = open("test.txt", "r")
# 读取文件内容并输出至终端屏幕
print(f.read())
# 关闭打开的文件
f.close()
```

上述代码的运行结果如图 10-5 所示。

```
管理员: C:\Windows\system32\cmd.exe - python

C:\Users\Administrator\.spyder-py3>python
Python 3.7.2 (tags/v3.7.2:9a3ffc0492, Dec 23 2018, 23:09:28) [MSC v.1916 64 bit
(AMD64)] on win32
Type "help", "copyright", "credits" or "license" for more information.
>>> f = open("test.txt", "w+")
>>> print(f.fileno())
3
>>> f.write( "Python语言很强大。\n是的，的确非常强大!\n" )
24
>>> f.close()
>>> f = open("test.txt", "r")
>>> print(f.read())
Python语言很强大。
是的，的确非常强大!

>>> f.close()
>>>
```

图 10-5　使用 file 对象打开、写入、读取文件

生成的 test.txt 文件的内容如图 10-6 所示。

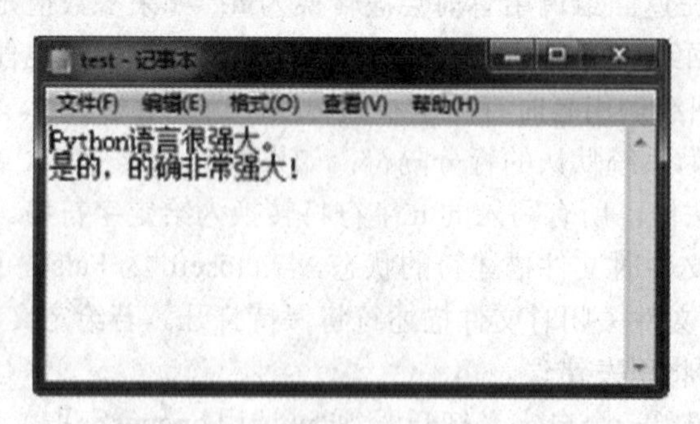

图 10-6　生成的 test.txt 文件的内容

★练一练★

1. print()函数输出字符串通常有哪两种方式？
2. open()函数的 accessmode 参数有哪些可能的取值，不同的取值有什么不同的作用？
3. 以文本方式与以二进制方式打开和写入文件有什么区别？

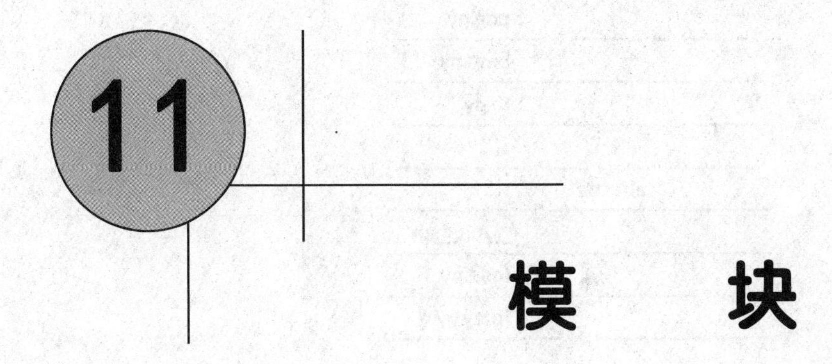

模　块

Python 是一种扩展性很强的语言，其扩展性主要体现为“函数—模块—库—包”的四级功能扩展体系。本章主要介绍 Python 中模块的基本概念及常用的内置模块、标准库和第三方模块。

11.1　什么是模块

本书第 8、9 章指出，函数是完成特定功能的一段程序，是可复用程序的最小组成单位；类是包含一组数据及操作这些数据或传递消息的函数的集合。模块是在函数和类的基础上，将一系列相关代码组织到一起的集合体。在 Python 中，一个模块就是一个扩展名为.py 的源程序文件。为了方便调用将一些功能相近的模块组织在一起，或是将一个较为复杂的模块拆分为多个组成部分，可以将这些.py 源程序文件放在同一个文件夹下，按照 Python 的规则进行管理，这样的文件夹和其中的文件就称为包，库则是功能相关联的包的集合。

例如，为了设计一套统一处理图片文件和数据的 Python 程序，可以考虑采用如图 11-1 所示的包结构。

```
images/
    __init__.py
    formats/
        __init__.py
        jpg.py
        png.py
        bmp.py
        tif.py
        ......
    effects/
        __init__.py
        fade.py
        fuzzy.py
        ......
```

图 11-1　一套统一处理图片文件和数据的 Python 程序的包结构

其中，images 目录是顶层包名；__init__.py 用来声明该文件夹是一个 Python 包的源程序目录；formats 目录下存放对应不同文件格式的图片处理程序，格式名就是文件名；effects 目录下存放的是处理效果的模块。

在导入一个包时，Python 首先在当前包中查找模块，若找不到则在内置的 built-in 模块中查找，仍然找不到的话会根据 sys.path 中的目录来寻找这个包中包含的子目录。目录只有包含__init__.py 文件时才会被认作是一个包，最简单的就是建立一个内容为空的文件并命名为__init__.py。事实上__init__.py 还应定义__all__用来支持模糊导入。

可以使用以下语句查看当前系统的 Python 搜索路径：

```
import sys
sys.path
```

上述代码的运行结果如图 11-2 所示。

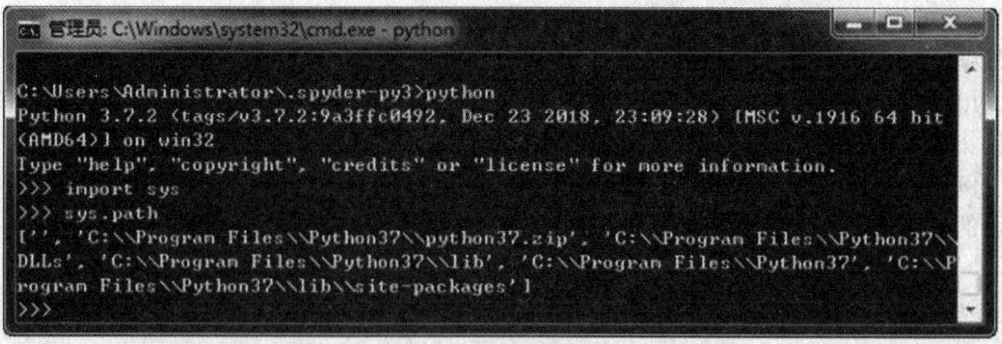

```
管理员: C:\Windows\system32\cmd.exe - python

C:\Users\Administrator\.spyder-py3>python
Python 3.7.2 (tags/v3.7.2:9a3ffc0492, Dec 23 2018, 23:09:28) [MSC v.1916 64 bit
(AMD64)] on win32
Type "help", "copyright", "credits" or "license" for more information.
>>> import sys
>>> sys.path
['', 'C:\\Program Files\\Python37\\python37.zip', 'C:\\Program Files\\Python37\\
DLLs', 'C:\\Program Files\\Python37\\lib', 'C:\\Program Files\\Python37', 'C:\\P
rogram Files\\Python37\\lib\\site-packages']
>>>
```

图 11-2　查看当前系统的 Python 搜索路径

需要注意的是，Python 安装目录下的 Lib 文件夹内存放了内置的标准库，如图 11-3 所示。

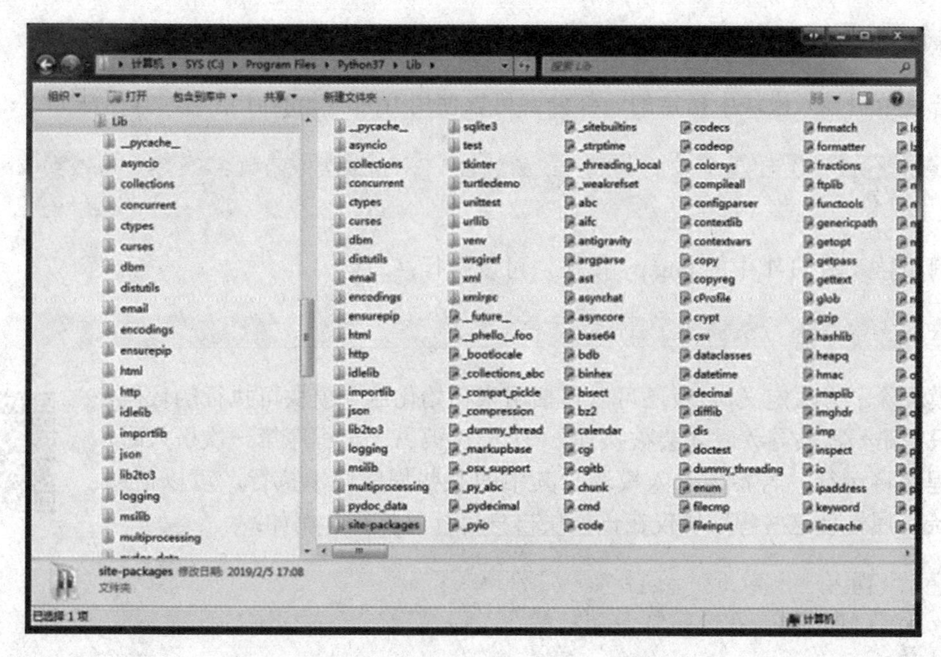

图 11-3　Python 内置标准库存放在 Lib 目录下

Lib/site-packages 目录下（有的 Linux 发行版是 lib/dist-packages）则存放了用户自行安装的第三方模块（库），如图 11-4 所示。

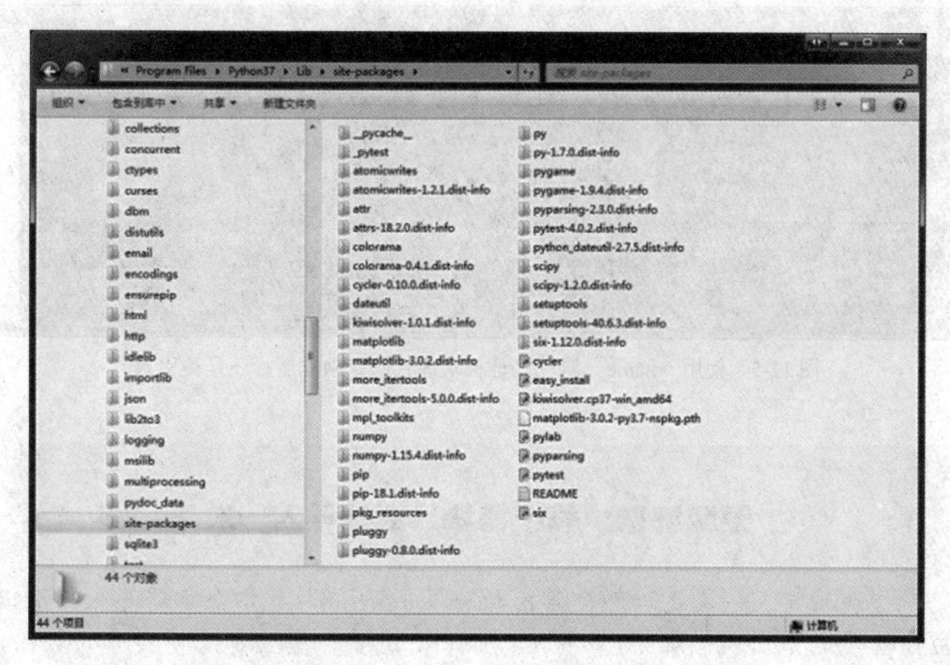

图 11-4　用户自行安装的第三方模块（库）存放在 Lib/site-packages 目录下

导入模块一般采用 import 语句，在本书前边的章节中已经多次使用，import 语句的语法如下：

```
import 模块1[, 模块2[,…, 模块N]]
```

若只希望导入模块中指定的一部分，可以使用 from…import 语句，其语法如下：

```
from 包或模块名 import 包或类或函数名1[, 包或类或函数名2[, …包或类或函数名N]]
```

例如导入图 11-1 中的 png.py 模块，可以执行：

```
from images.formats import png
```

模块除了方法定义，一般还可以包括用来初始化这个模块可执行的代码，它们只在第一次被导入时才会被执行。一个模块被另一个程序第一次引入时，其主程序将运行。若希望引入模块时其中的某些程序块不执行，可以借助__name__属性使这些程序块仅在该模块自身运行时执行。例如：

```
if __name__ == '__main__':
print('程序自身在运行')
else:
print('以模块方式运行')
```

上述代码的运行结果如图 11-5 所示。

```
管理员: C:\Windows\system32\cmd.exe - python

C:\Users\Administrator\.spyder-py3>python Chap11.py
程序自身在运行

C:\Users\Administrator\.spyder-py3>python
Python 3.7.2 (tags/v3.7.2:9a3ffc0492, Dec 23 2018, 23:09:28) [MSC v.1916 64 bit
(AMD64)] on win32
Type "help", "copyright", "credits" or "license" for more information.
>>> import Chap11
以模块方式运行
>>>
```

图 11-5 使用__name__属性区分模块内代码是独立运行还是被引入

温馨提示：每个模块只会被导入一次

模块被导入一次之后即使再次执行 import 语句也不会重新导入，因此应该尽量避免出现循环/嵌套导入，如果出现多个模块都需要共享的数据，可以将共享的数据集中存放到某一个地方。

当模块内容发生了改变时可以使用 reload()函数重新加载该模块，例如：

```
import importlib, Chap11
importlib.reload(Chap11)
```

上述代码的运行结果如图 11-6 所示。

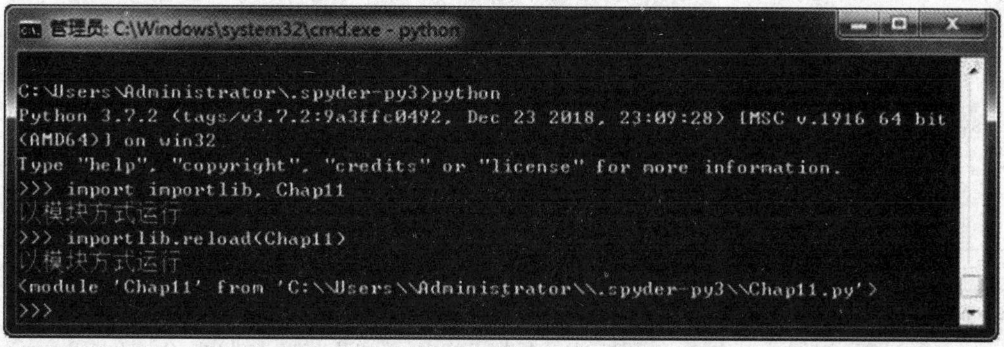

```
管理员: C:\Windows\system32\cmd.exe - python
C:\Users\Administrator\.spyder-py3>python
Python 3.7.2 (tags/v3.7.2:9a3ffc0492, Dec 23 2018, 23:09:28) [MSC v.1916 64 bit
(AMD64)] on win32
Type "help", "copyright", "credits" or "license" for more information.
>>> import importlib, Chap11
以模块方式运行
>>> importlib.reload(Chap11)
以模块方式运行
<module 'Chap11' from 'C:\\Users\\Administrator\\.spyder-py3\\Chap11.py'>
>>>
```

图 11-6　查看 Chap11.py 内定义的所有名称

每个模块有各自独立的符号表，在模块内部为所有的函数当作全局符号表来使用。可以使用 dir()函数查看一个模块内定义的所有名称，例如使用以下代码查看图 11-5 中 Chap11.py 内定义的所有名称：

```
import Chap11
dir(Chap11)
```

上述代码的运行结果如图 11-7 所示。

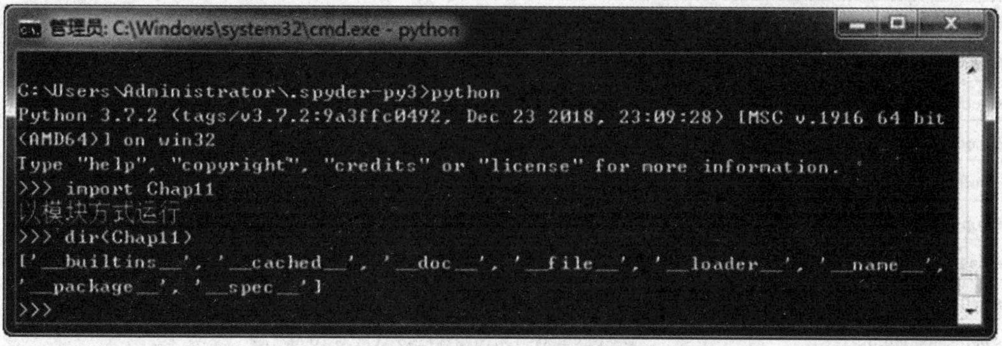

```
管理员: C:\Windows\system32\cmd.exe - python
C:\Users\Administrator\.spyder-py3>python
Python 3.7.2 (tags/v3.7.2:9a3ffc0492, Dec 23 2018, 23:09:28) [MSC v.1916 64 bit
(AMD64)] on win32
Type "help", "copyright", "credits" or "license" for more information.
>>> import Chap11
以模块方式运行
>>> dir(Chap11)
['__builtins__', '__cached__', '__doc__', '__file__', '__loader__', '__name__',
'__package__', '__spec__']
>>>
```

图 11-7　查看 Chap11.py 内定义的所有名称

11.2　内置模块和标准库

11.1 节提到模块和库是不同的东西，作用也不完全相同。内置模块使用 C 语言编写，提供了对系统功能的访问，例如 sys 模块并不在 Lib 目录下。但在 Lib 目录下可以找到 string.py、uuid.py 等模块，这些模块提供了 Python 内置对字符串、日期、时间、哈希、队列等功能的支持。虽然 Python 内置模块和标准库并不是同一种东西，但大多数情况下在使用时并没有对这二者进行详细区分。

按照本书第 2 章的方式安装完毕 Python 3.7.2 后，可用的内置模块和标准库共计 224 个，以下简单介绍常用的 sys 模块和 datetime 模块（库）的基本功能，其他内置模块（库）的相关功能可参看 Python 文档。

11.2.1 sys 模块

sys 模块提供了一系列有关 Python 运行环境的变量和函数，其常用属性和方法如表 11-1 所示。

表 11-1 sys 模块常用属性和方法

属性或方法	描　述
sys.argv	获取命令行参数列表，第一个参数是程序本身
sys.exit(n)	退出 Python 程序，exit(0)表示正常退出。当参数非 0 时，会引发一个 SystemExit 异常，可以在程序中捕获该异常
sys.version	获取 Python 解释程器的版本信息
sys.maxsize	最大的 Int 值，在 64 位操作系统上是 $2^{63}-1$
sys.path	返回模块的搜索路径，初始化时使用 PYTHONPATH 环境变量的值
sys.platform	返回操作系统平台名称
sys.stdin	输入相关
sys.stdout	输出相关
sys.stderr	错误相关
sys.exc_info()	返回异常信息三元元组
sys.getdefaultencoding()	获取系统当前编码，默认为 UTF-8
sys.setdefaultencoding()	设置系统的默认编码
sys.getfilesystemencoding()	获取文件系统使用编码方式，默认是 UTF-8
sys.modules	以字典的形式返回所有当前 Python 环境中已经导入的模块
sys.builtin_module_names	返回一个列表，包含所有已经编译到 Python 解释器里的模块的名字
sys.copyright	当前 Python 的版权信息
sys.flags	命令行标识状态信息列表
sys.getrefcount(object)	返回对象的引用数量
sys.getrecursionlimit()	返回 Python 最大递归深度，默认为 1000
sys.getsizeof(object[, default])	返回对象的大小
sys.getswitchinterval()	返回线程切换时间间隔，默认为 0.005 秒
sys.setswitchinterval(interval)	设置线程切换的时间间隔，单位为秒
sys.getwindowsversion()	返回当前 Windows 系统的版本信息
sys.hash_info	返回 Python 默认的哈希方法的参数
sys.implementation	当前正在运行的 Python 解释器的具体实现，如 CPython
sys.thread_info	当前线程信息

以下是调用表 11-1 中部分属性或方法的代码：

```
import sys
sys.version
sys.platform
sys.getdefaultencoding()
sys.copyright
sys.getwindowsversion()
sys.implementation
```

上述代码的运行结果如图 11-8 所示。

```
管理员: C:\Windows\system32\cmd.exe - python
C:\Users\Administrator\.spyder-py3>python
Python 3.7.2 (tags/v3.7.2:9a3ffc0492, Dec 23 2018, 23:09:28) [MSC v.1916 64 bit
(AMD64)] on win32
Type "help", "copyright", "credits" or "license" for more information.
>>> import sys
>>> sys.version
'3.7.2 (tags/v3.7.2:9a3ffc0492, Dec 23 2018, 23:09:28) [MSC v.1916 64 bit (AMD64
)]'
>>> sys.platform
'win32'
>>> sys.getdefaultencoding()
'utf-8'
>>> sys.copyright
'Copyright (c) 2001-2018 Python Software Foundation.\nAll Rights Reserved.\n\nCo
pyright (c) 2000 BeOpen.com.\nAll Rights Reserved.\n\nCopyright (c) 1995-2001 Co
rporation for National Research Initiatives.\nAll Rights Reserved.\n\nCopyright
(c) 1991-1995 Stichting Mathematisch Centrum, Amsterdam.\nAll Rights Reserved.'
>>> sys.getwindowsversion()
sys.getwindowsversion(major=6, minor=1, build=7601, platform=2, service_pack='Se
rvice Pack 1')
>>> sys.implementation
namespace(cache_tag='cpython-37', hexversion=50791152, name='cpython', version=s
ys.version_info(major=3, minor=7, micro=2, releaselevel='final', serial=0))
>>>
```

图 11-8　调用 sys 模块的部分属性或方法

11.2.2　datetime 模块

datetime 模块是对 time 模块的一个高级封装，提供了对日期、时间、时区、时间段的操作。与 time 模块相比，datetime 模块提供的接口更直观、易用，功能也更加强大。datetime 模块定义的类如表 11-2 所示。

表 11-2　datetime 模块定义的类

类　名	描　述
datetime.date	日期类
datetime.time	时间类
datetime.datetime	日期与时间类

（续表）

类　名	描　述
datetime.timedelta	表示两个 date、time、datetime 实例之间的时间差
datetime.tzinfo	时区相关信息对象的抽象基类
datetime.timezone	实现 tzinfo 抽象基类的类，表示与 UTC 的固定偏移量

datetime.datetime 类的常用属性和方法如表 11-3 所示。

表 11-3　datetime.datetime 类的常用属性和方法

属性或方法	描　述
datetime.today()	返回一个表示当前本期日期时间的 datetime 对象
datetime.now([tz])	返回指定时区日期时间的 datetime 对象，如果不指定 tz 参数则结果同上
datetime.utcnow()	返回当前 UTC 日期时间的 datetime 对象
datetime.fromtimestamp(timestamp[, tz])	根据指定的时间戳创建一个 datetime 对象
datetime.utcfromtimestamp(timestamp)	根据指定的时间戳创建一个 datetime 对象
datetime.combine(date, time)	把指定的 date 和 time 对象整合成一个 datetime 对象
datetime.strptime(date_str, format)	将时间字符串转换为 datetime 对象
dt.year, dt.month, dt.day	年、月、日
dt.hour, dt.minute, dt.second	时、分、秒
dt.microsecond, dt.tzinfo	微秒、时区信息
dt.date()	获取 datetime 对象对应的 date 对象
dt.time()	获取 datetime 对象对应的 time 对象，tzinfo 为 None
dt.timetz()	获取 datetime 对象对应的 time 对象，tzinfo 与 datetime 对象的 tzinfo 相同
dt.replace()	生成并返回一个新的 datetime 对象，如果所有参数都没有指定，则返回一个与原 datetime 对象相同的对象
dt.timetuple()	返回 datetime 对象对应的 tuple（不包括 tzinfo）
dt.utctimetuple()	返回 datetime 对象对应的 utc 时间的 tuple（不包括 tzinfo）
dt.timestamp()	返回 datetime 对象对应的时间戳，Python 3.3 才新增的
dt.toordinal()	同 date 对象
dt.weekday()	同 date 对象
dt.isocalendar()	同 date 对象
dt.isoformat([sep])	返回一个“%Y-%m-%d”字符串
dt.ctime()	等效于 time 模块的 time.ctime(time.mktime(d.timetuple()))
dt.strftime(format)	返回指定格式的时间字符串

以下是调用表 11-3 中部分属性或方法的代码：

```
from datetime import datetime
datetime.today()
dt = datetime.now()
dt
```

```
dt.timestamp()
dt.weekday()
dt.strftime('%Y%m%d %H:%M:%S.%f')
```

上述代码的运行结果如图 11-9 所示。

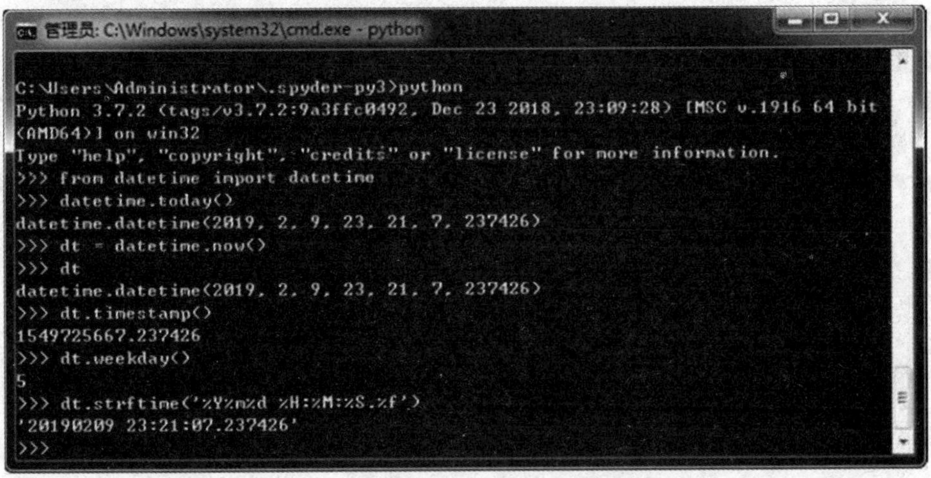

```
管理员: C:\Windows\system32\cmd.exe - python

C:\Users\Administrator\.spyder-py3>python
Python 3.7.2 (tags/v3.7.2:9a3ffc0492, Dec 23 2018, 23:09:28) [MSC v.1916 64 bit
(AMD64)] on win32
Type "help", "copyright", "credits" or "license" for more information.
>>> from datetime import datetime
>>> datetime.today()
datetime.datetime(2019, 2, 9, 23, 21, 7, 237426)
>>> dt = datetime.now()
>>> dt
datetime.datetime(2019, 2, 9, 23, 21, 7, 237426)
>>> dt.timestamp()
1549725667.237426
>>> dt.weekday()
5
>>> dt.strftime('%Y%m%d %H:%M:%S.%f')
'20190209 23:21:07.237426'
>>>
```

图 11-9　调用 datetime 模块的部分属性或方法

11.3　第三方模块和包

为了解决各种各样复杂的实际问题，仅仅依靠 Python 内置模块和标准库是远远不够的。基于 Python 的开源特性，世界上的 Python 用户正在不断为越来越庞大的第三方代码库贡献力量。pip 是 Python 语言常用的一种第三方包管理工具，截至 2019 年 2 月，已有超过 30 万用户在其官方仓库中建立了超过 16.7 万个项目，累计 170 余万个文件。

按照本书第 2 章的方式安装完毕 Python 3.7.2 后 pip 已经可以使用，可在系统命令提示符下执行以下命令查看 pip 的版本，若报错则是未安装 pip：

```
pip --version
```

pip 的常用命令有：

```
# 查看已安装模块（包）列表
pip list
# 安装某模块（包）
pip install 模块（包）名
# 查看可升级的包
pip list -o
# 升级某模块（包）
pip install --upgrade  模块（包）名
```

```
# 从仓库中搜索某模块（包）
pip search 模块（包）名
# 查看某模块（包）的详细信息
pip show -f 模块（包）名
```

numpy 的全名为 Numeric Python，是一个开源的 Python 科学计算库。与自行编写完成相同或相近功能的 Python 程序相比，numpy 具有以下优点：

- 对于同样的数值计算任务，使用 numpy 要比直接编写 Python 代码便捷得多。
- numpy 中数组的存储效率和输入输出性能均远远优于 Python 中等价的基本数据结构，且其能够提升的性能是与数组中的元素成比例的。
- numpy 的大部分代码都使用 C 语言编写，其底层算法在设计时就有着优异的性能，这使得 numpy 比纯 Python 代码高效得多。
- numpy 提供了在数值计算、多维数组处理等方面做科学计算的基础库。

安装 numpy 的主要步骤如下：

Step 01 首先执行以下命令，升级 setuptools 组件，如图 11-10 所示。

```
python -m pip install -U pip setuptools
```

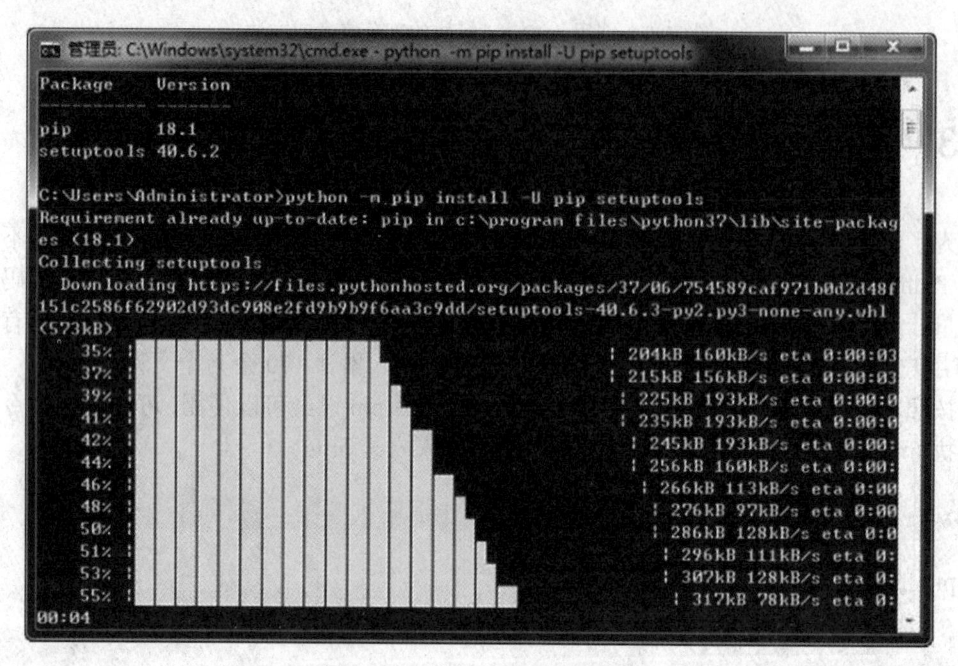

图 11-10　升级 setuptools 组件

Step 02 接着执行以下命令，下载并安装 numpy，如图 11-11 所示。

```
python -m pip install numpy
```

```
管理员: C:\Windows\system32\cmd.exe - python -m pip install numpy

C:\Users\Administrator>python -m pip install numpy
Collecting numpy
  Downloading https://files.pythonhosted.org/packages/41/b8/3a6b07352c2542ca1c89
be7583e7ca07bf513895b6ac59ae008054f326b1/numpy-1.16.1-cp37-cp37m-win_amd64.whl (
11.9MB)
    38% |████████████                    | 4.6MB 67kB/s eta 0:01:49
    38% |████████████                    | 4.6MB 55kB/s eta 0:02:13
    38% |████████████                    | 4.6MB 55kB/s eta 0:02:12
    38% |████████████                    | 4.6MB 60kB/s eta 0:02:02
    38% |████████████                    | 4.6MB 53kB/s eta 0:02:16
    38% |████████████                    | 4.6MB 64kB/s eta 0:01:53
    39% |████████████                    | 4.7MB 66kB/s eta 0:01:50
    39% |████████████                    | 4.7MB 66kB/s eta 0:01:50
    39% |████████████                    | 4.7MB 59kB/s eta 0:02:02
    39% |████████████                    | 4.7MB 58kB/s eta 0:02:04
    39% |████████████                    | 4.7MB 66kB/s eta 0:01:49
    39% |████████████                    | 4.7MB 74kB/s eta 0:01:37
```

图 11-11　下载并安装 numpy

Step 03　安装结束后执行以下命令，查看安装的组件，可以看到 numpy 已经安装。

```
python -m pip list
```

Step 04　为了验证 numpy 是否安装成功，可以在 Python 命令行中执行以下命令，若无报错信息，则表示安装成功，如图 11-12 所示。

```
import numpy
```

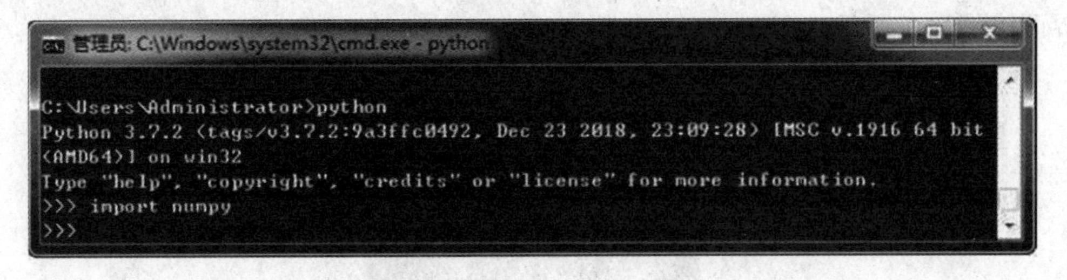

图 11-12　查看已安装组件（库），确认 numpy 安装结果

★练一练★

1．什么是模块？Python 有哪几种形式组织程序代码？
2．如何导入和重新加载模块？
3．sys、datetime、numpy 等模块（包）的主要功能是什么？如何安装第三方模块（包）？

12 完整案例

本章通过两个时下流行的小游戏快速、完整地呈现了使用 Python 语言编程的过程，将本书前述章节介绍的内容有机地结合在了一起。

12.1 小游戏：2048

2048 是一款流行于手机、平板等终端设备上的益智小游戏，最早于 2014 年 3 月发行，主界面如图 12-1 所示。

图 12-1　2048 小游戏的主界面

其游戏规则是：每次可以选择上下左右其中一个方向去滑动，每滑动一次，所有的数字方块都会往滑动的方向靠拢，系统也会在空白的地方随机出现一个数字方块，相同数字的方块在靠拢、相撞时会相加。系统给予的数字方块不是 2 就是 4，玩家要想办法在这小小的 16 格范围中凑出“2048”这个数字方块。

网友总结的游戏技巧有：

1. 最大数尽可能放在角落；
2. 数字按顺序紧邻排列；
3. 首先满足最大数和次大数在的那一列/行是满的；
4. 时刻注意活动较大数（32 以上）旁边要有相近的数；
5. 以大数所在的一行为主要移动方向；
6. 不要急于“清理桌面”；
7. 根据游戏规则，可以整理出游戏的流程，如图 12-2 所示。

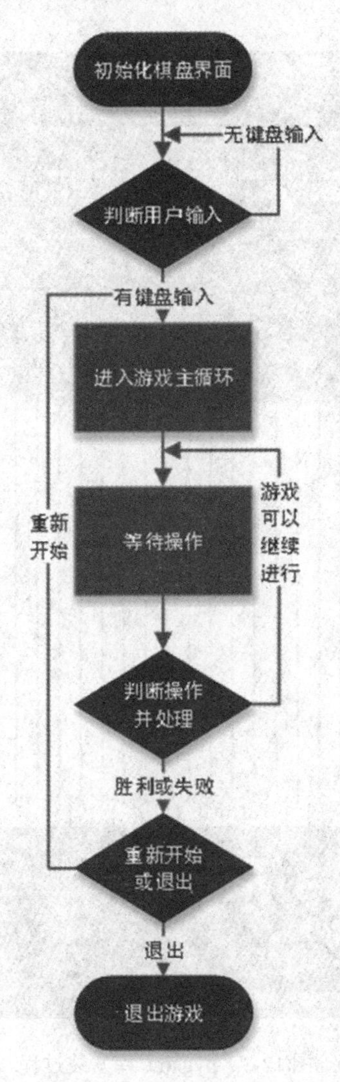

图 12-2　2048 小游戏的主要流程

根据流程图，可以将整个游戏程序大致分为三个部分：

1. 程序初始化；
2. 判断用户输入；
3. 进入游戏主循环。

其中第三部分可以继续细分为以下三个部分：

1. 等待操作；
2. 判断操作并处理；
3. 重新开始或退出。

为了游戏界面效果美观，这里使用了 pygame 库。安装 pygame 库的命令如下：

```
pip install pygame
```

安装过程如图 12-3 所示。

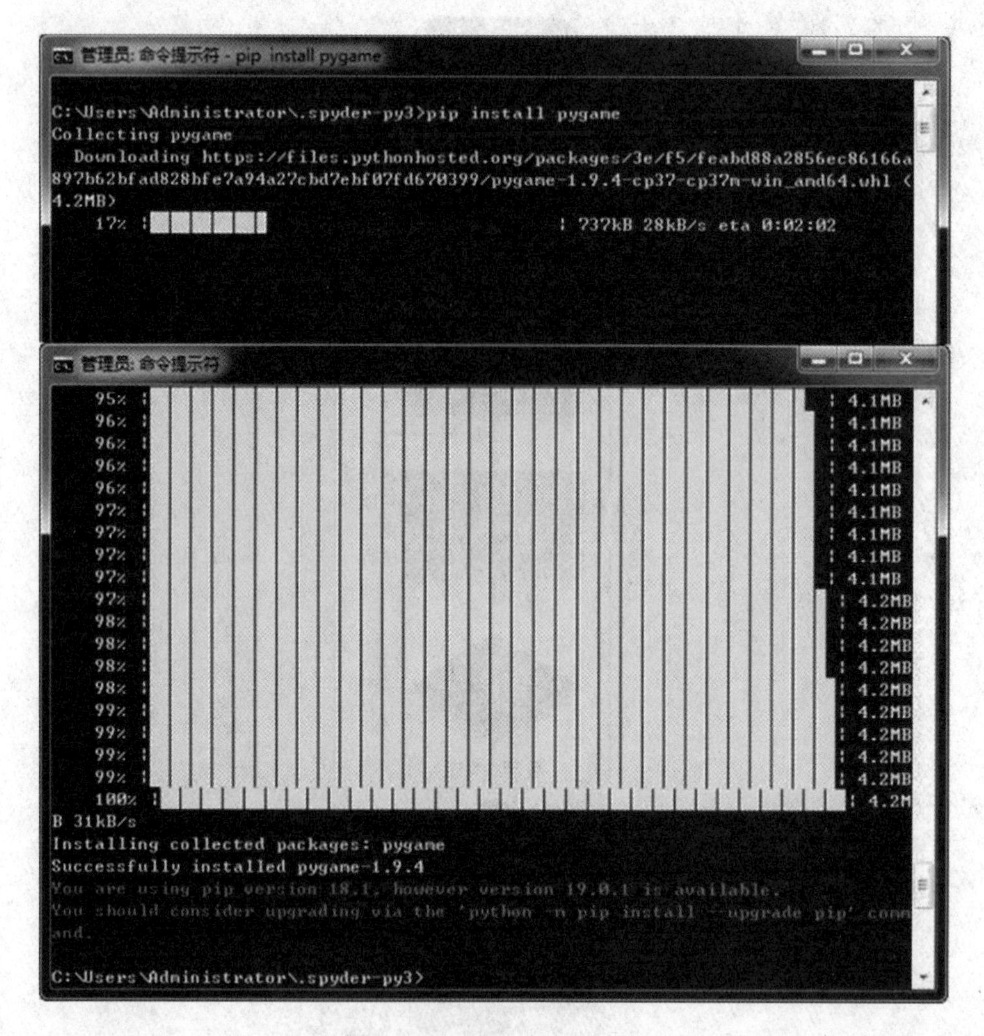

图 12-3　pygame 库安装过程

下面我们继续关注 2048 小游戏。首先来看程序初始化，这里主要完成以下工作：导入所需模块，初始化棋盘和窗口界面，初始化各种组件和变量。根据游戏规则，棋盘大小为 4×4 共 16 格的正方形棋盘，简便起见我们使用二维列表存储每个格子里的数字。定义棋盘并初始化每个格子存储的数字的语句如下：

```
board = [[0, 0, 0, 0],
[0, 0, 0, 0],
[0, 0, 0, 0],
[0, 0, 0, 0]]
```

以下语句用于初始化窗口的相关属性：

```
# 每个格子的边长，单位：像素（下同）
box_size = 50
# 格子之间的间距
box_gap  = 5
# 中心棋盘区域上边缘离窗口顶部的距离
top_of_window = 100
# 中心棋盘区域下边缘离窗口底部的距离
bottom_of_window = 30
# 中心棋盘区域左边缘离窗口左边的距离
left_of_window = 20
# 窗口宽度
window_width  = box_size * 4 + box_gap * 5 + left_of_window * 2
# 窗口高度
window_height  =  top_of_window  +  box_gap  *  5  +  box_size  *  4  +
left_of_window + bottom_of_window
# 初始化窗口
window = pygame.display.set_mode((window_width, window_height), 0,
32)
# 窗口标题
pygame.display.set_caption("2048")
# 得分
score = 0

# 使用 pygame 内置颜色值定义一些颜色常量
OLDLACE    = pygame.color.THECOLORS["oldlace"]
IVORY   = pygame.color.THECOLORS["ivory3"]
BLACK   = pygame.color.THECOLORS["black"]
RED     = pygame.color.THECOLORS["red"]
RED2    = pygame.color.THECOLORS["red2"]
DARKGOLD  = pygame.color.THECOLORS["darkgoldenrod1"]
GOLD    =  pygame.color.THECOLORS["gold"]
GRAY    = pygame.color.THECOLORS["gray41"]
CHOCOLATE = pygame.color.THECOLORS["chocolate"]
CHOCOLATE1 = pygame.color.THECOLORS["chocolate1"]
```

```
CORAL   = pygame.color.THECOLORS["coral"]
CORAL2  = pygame.color.THECOLORS["coral2"]
ORANGED = pygame.color.THECOLORS["orangered"]
ORANGED2 = pygame.color.THECOLORS["orangered2"]
DARKORANGE = pygame.color.THECOLORS["darkorange"]
DARKORANGE2 = pygame.color.THECOLORS["darkorange2"]
FORESTGREEN = pygame.color.THECOLORS["forestgreen"]
# 界面字体
FONTNAME = "SimHei"
```

绘制棋盘格子主要由 Box 类和 draw_box()函数完成：

```
class Box:
    def __init__(self, topleft, text, color):
        self.topleft = topleft
        self.text = text
        self.color = color
    def render(self, surface):
        x, y = self.topleft
# 绘制棋盘格
        pygame.draw.rect(surface, self.color, (x, y, box_size, box_
size))
# 定义棋盘格中数字的高度
        text_height  = int(box_size * 0.35)
# 设置棋盘格中数字使用的字体
        font_obj     = pygame.font.SysFont(FONTNAME, text_height)
        text_surface = font_obj.render(self.text, True, BLACK)
        text_rect    = text_surface.get_rect()
        text_rect.center = (x + box_size / 2, y + box_size / 2)
        surface.blit(text_surface, text_rect)

def draw_box():
    global board
# 定义棋盘上每个格子中不同数字的颜色
    colors = {0:(192, 192, 192), 2:(176, 224, 230), 4:(127, 255, 212),
8:(135, 206, 235), 16:(64, 224, 208),
              32:(0, 255, 255), 64:(0, 201, 87), 128:(50, 205, 50),
256:(34, 139, 34),
              512:(0, 255, 127), 1024:(61, 145, 64), 2048:(48, 128, 20),
4096:(65, 105, 255),
              8192:(8, 46, 84), 16384:(11, 23, 70), 32768:(25, 25, 112),
65536:(0, 0, 255)}
    x, y = left_of_window, top_of_window
    size = box_size * 4 + box_gap * 5
    pygame.draw.rect(window, BLACK, (x, y, size, size))
    x, y = x + box_gap, y + box_gap
# 使用嵌套循环绘制棋盘上所有格子
```

```
        for i in range(4):
            for j in range(4):
                idx = board[i][j]
                if idx == 0:
                    text = ""
                else:
                    text = str(idx)
                if idx > 65536: idx = 65536
                color = colors[idx]
                box = Box((x, y), text, color)
                box.render(window)
                x += box_size + box_gap
            x = left_of_window + box_gap
            y += box_size + box_gap
```

接下来需要初始化棋盘上开局的数字，来看 set_random_number()函数：

```
    def set_random_number():
        pool = []
        for i in range(4):
            for j in range(4):
                if board[i][j] == 0:
                    pool.append((i, j))
        m = random.choice(pool)
        pool.remove(m)
        value = random.uniform(0, 1)
        if value < 0.1:
            value = 4
        else:
            value = 2
        board[m[0]][m[1]] = value
```

其作用是在棋盘上随机选取两个格子，将其值设置为 2 或 4。

以下代码将绘制游戏窗口其余的界面内容：

```
    # 显示游戏名称
        window.blit(write("2048", height = 45, color = GOLD), (left_of_
window, left_of_window // 2))
    # 显示当前得分
        window.blit(write(" 得 分 ",  height=14,  color=FORESTGREEN),
(left_of_window+105, left_of_window//2 + 5))
        rect1        =        pygame.draw.rect(window,        FORESTGREEN,
(left_of_window+100, left_of_window//2 + 30, 60, 20))
        text1 = write(str(score), height=14, color=GOLD)
        text1_rect = text1.get_rect()
        text1_rect.center = (left_of_window+100+30, left_of_window//2 +
40)
```

```
        window.blit(text1, text1_rect)
    # 显示历史最高分
        window.blit(write(" 最 高 ",  height=14,  color=FORESTGREEN),
(left_of_window+175, left_of_window//2 + 5))
        rect2     =     pygame.draw.rect(window,     FORESTGREEN,
(left_of_window+165, left_of_window//2 + 30, 60, 20))
    # 读取历史最高分
        best = read_best()
        if best < score:
            best = score
        text2 = write(str(best), height=14, color=GOLD)
        text2_rect = text2.get_rect()
        text2_rect.center = (left_of_window+165+30, left_of_window//2 +
40)
        window.blit(text2, text2_rect)
    # 显示游戏操作提示
        window.blit(write("使用上下左右方向键控制", height=16, color=GRAY),
(left_of_window, window_height - bottom_of_window))
```

判断用户操作并处理是通过无限循环完成的，代码如下：

```
        while True:
    # 通过事件机制获取当前用户操作
            for event in pygame.event.get():
    # 用户操作为退出窗口或按下 ESC 键时写入最高分，并退出游戏窗口
                if event.type == QUIT or (event.type == KEYUP and event.key
== K_ESCAPE):
                    write_best(best)
                    pygame.quit()
                    exit()
    # 游戏没有正常结束时监听用户的操作
                elif not gameover:
    # 用户按下键盘上的向上方向键
                    if event.type == KEYUP and event.key == K_UP:
                        up()
    # 用户按下键盘上的向下方向键
                    elif event.type == KEYUP and event.key == K_DOWN:
                        down()
    # 用户按下键盘上的向左方向键
                    elif event.type == KEYUP and event.key == K_LEFT:
                        left()
    # 用户按下键盘上的向右方向键
                    elif event.type == KEYUP and event.key == K_RIGHT:
                        right()
    # 开始新游戏
                    if newboard != board:
                        set_random_number()
```

```
                    newboard = deepcopy(board)
                    draw_box()
                gameover = is_over()

                rect1 = pygame.draw.rect(window, FORESTGREEN,(left_
of_window+100, left_of_window//2 + 30, 60, 20))
                text1 = write(str(score), height=14, color=GOLD)
                text_rect = text1.get_rect()
                text_rect.center = (left_of_window+100+30,left_of_
window//2 + 40)
                window.blit(text1, text_rect)

                rect2 = pygame.draw.rect(window, FORESTGREEN,
(left_of_window+165, left_of_window//2 + 30, 60, 20))
                if best < score:
                    best = score
                text2 = write(str(best), height=14, color=GOLD)
                text2_rect = text2.get_rect()
                text2_rect.center = (left_of_window+165+30,
left_of_window//2 + 40)
                window.blit(text2, text2_rect)
    # 游戏正常结束（即用户合成了2048或未合成2048但棋盘上已经无法继续下一步操作）
            else:
                write_best(best)
                window.blit(write("游戏结束！", height = 40, color =
FORESTGREEN), (left_of_window, window_height // 2))
```

为了实现游戏效果，还有几个关键函数需要定义：一是对棋盘上的数字求和，用于当用户按下上下左右操作键后合并棋盘上的数字，代码如下：

```
    def combinate(L):
        global score
        ans = [0, 0, 0, 0]
        num = []
        for i in L:
            if i != 0:
                num.append(i)
        length = len(num)
    # 当不为0的数字有4个时
        if length == 4:
            if num[0] == num[1]:
                ans[0] = num[0] + num[1]
                score += ans[0]
                if num[2] == num[3]:
                    ans[1] = num[2] + num[3]
                    score += ans[1]
```

```
            else:
                ans[1] = num[2]
                ans[2] = num[3]
        elif num[1] == num[2]:
            ans[0] = num[0]
            ans[1] = num[1] + num[2]
            ans[2] = num[3]
            score += ans[1]
        elif num[2] == num[3]:
            ans[0] = num[0]
            ans[1] = num[1]
            ans[2] = num[2] + num[3]
            score += ans[2]
        else:
            for i in range(length):
                ans[i] = num[i]
# 当不为 0 的数字有 3 个时
    elif length == 3:
        if num[0] == num[1]:
            ans[0] = num[0] + num[1]
            ans[1] = num[2]
            score += ans[0]
        elif num[1] == num[2]:
            ans[0] = num[0]
            ans[1] = num[1] + num[2]
            score += ans[1]
        else:
            for i in range(length):
                ans[i] = num[i]
# 当不为 0 的数字有 2 个时
    elif length == 2:
        if num[0] == num[1]:
            ans[0] = num[0] + num[1]
            score += ans[0]
        else:
            for i in range(length):
                ans[i] = num[i]
# 当不为 0 的数字只有 1 个时
    elif length == 1:
        ans[0] = num[0]
    else:
        pass
    return ans
```

二是用户按下上下左右控制键后对应的操作，需要注意的是，我们定义存放棋盘上数字的列表是行式二维列表，故处理左右键相对容易，只需对左右相邻的数字判断是否应该合并即可，而处理上下键时则需要按照对应的列找到目标数字，再判断是否应该合并。代码如下：

```
def left():
    for i in range(4):
        temp = combinate(board[i])
        for j in range(4):
            board[i][j] = temp[j]

def right():
    for i in range(4):
        temp = combinate(board[i][::-1])
        for j in range(4):
            board[i][3-j] = temp[j]

def up():
    for i in range(4):
        to_comb = []
        for j in range(4):
            to_comb.append(board[j][i])
        temp = combinate(to_comb)
        for k in range(4):
            board[k][i] = temp[k]

def down():
    for i in range(4):
        to_comb = []
        for j in range(4):
            to_comb.append(board[3-j][i])
        temp = combinate(to_comb)
        for k in range(4):
            board[3-k][i] = temp[k]
```

三是判断游戏是否结束的函数 is_over()。按照游戏规则，当棋盘上仍然存在空格，或是同一行/列存在相邻且相同的数字时，游戏方可继续进行，否则游戏结束，该函数可做如下定义：

```
def is_over():
# 棋盘上仍然存在空格
    for i in range(4):
        for j in range(4):
            if board[i][j] == 0:
                return False
# 同一行中存在相邻且相同的数字
    for i in range(4):
        for j in range(3):
```

```
            if board[i][j] == board[i][j+1]:
                return False
    # 同一列中存在相邻且相同的数字
    for i in range(3):
        for j in range(4):
            if board[i][j] == board[i+1][j]:
                return False

    return True
```

至此，小游戏 2048 的主要内容和关键代码介绍完毕，完整程序详见本书随附代码。

12.2　小游戏：贪吃蛇

相信对读者来说，贪吃蛇游戏已经不新鲜了，这一经典的益智游戏早已风靡世界多年。典型的贪吃蛇游戏的主界面如图 12-4 所示。

图 12-4　贪吃蛇小游戏的主界面

其游戏规则是：玩家使用上下左右键控制绿色的“蛇”在窗口中游走并吃掉（触碰）红色的“苹果”来得分，每吃一个“苹果”，“蛇”也将变长一些。如果“蛇头”碰到了窗口的四壁，或是与自身相撞，游戏结束。整个界面由若干方格构成，“蛇”游走的过程实际上是在不同的方格中连续绘制和擦除“蛇”的图形的过程。

根据游戏规则整理出的游戏流程如图 12-5 所示。

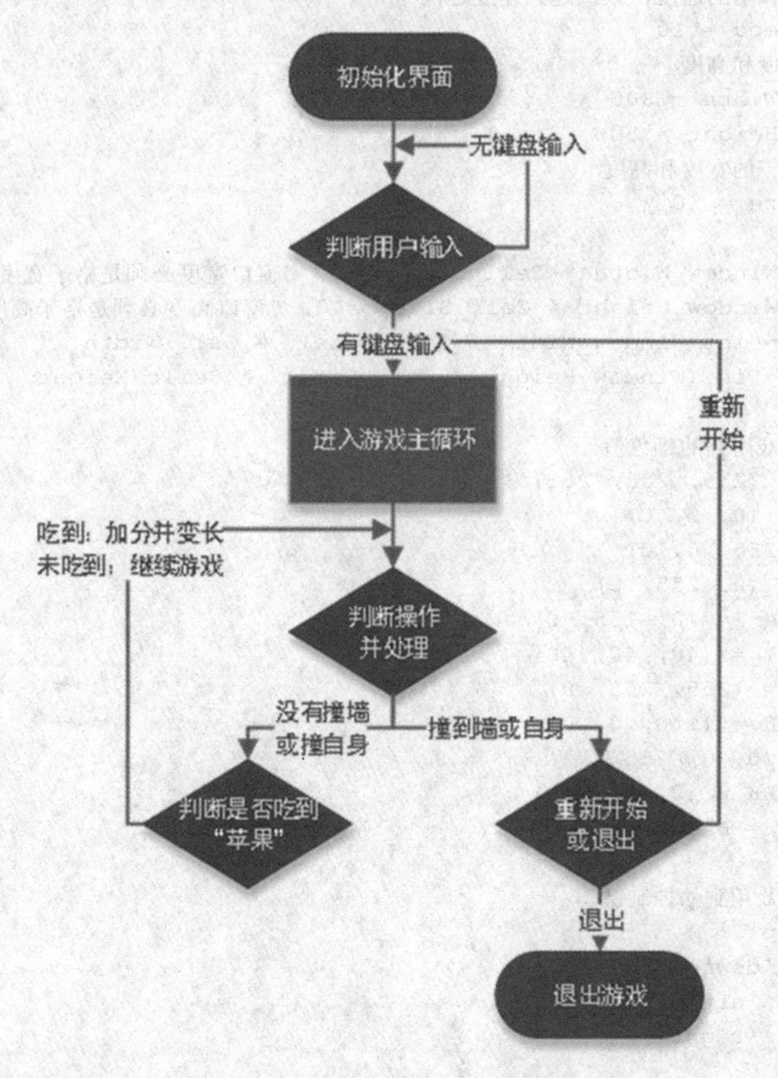

图 12-5　贪吃蛇小游戏的游戏流程

根据流程图，与 2048 小游戏类似，贪吃蛇游戏程序大致也可分为三个部分：

1. 程序初始化；
2. 判断用户输入；
3. 进入游戏主循环。

其中第三部分可以继续细分为以下三个部分：

1. 判断操作并处理；
2. 判断是否吃到"苹果"；
3. 重新开始或退出。

为了游戏界面效果美观，同样使用了 pygame 模块。首先来看程序初始化，这里主要完成以下工作：导入所需模块，初始化窗口界面，初始化各种组件和变量。代码如下：

```
# “蛇”移动的速度，数值越大速度越快
Snakespeed = 10
# 窗口宽度和高度
Window_Width = 800
Window_Height = 500
# 每个格子的宽度和高度
Cell_Size = 20

assert Window_Width % Cell_Size == 0, "窗口宽度必须是格子宽度的整数倍"
assert Window_Height % Cell_Size == 0, "窗口高度必须是格子高度的整数倍"
Cell_W = int(Window_Width / Cell_Size)  # Cell Width
Cell_H = int(Window_Height / Cell_Size)  # Cellc Height

# 定义游戏用到的颜色值
White = (255, 255, 255)
Black = (0, 0, 0)
Red = (255, 0, 0)
Green = (0, 255, 0)
DARKGreen = (0, 155, 0)
DARKGRAY = (40, 40, 40)
YELLOW = (255, 255, 0)
Red_DARK = (150, 0, 0)
BLUE = (0, 0, 255)
BLUE_DARK = (0, 0, 150)
BGCOLOR = Black

# 定义游戏用到的控制键
UP = 'up'
DOWN = 'down'
LEFT = 'left'
RIGHT = 'right'

HEAD = 0
# 定义游戏字体
FONTNAME = "SimHei"
```

判断用户输入是通过执行 showStartScreen()函数实现的，其代码如下：

```
def showStartScreen():
    while True:
        drawPressKeyMsg()

        if checkForKeyPress():
            pygame.event.get()
            return
        pygame.display.update()
```

```
def drawPressKeyMsg():
    pressKeySurf = BASICFONT.render('按任意键开始游戏', True, White)
    pressKeyRect = pressKeySurf.get_rect()
    pressKeyRect.topleft = (Window_Width - 200, Window_Height - 30)
    DISPLAYSURF.blit(pressKeySurf, pressKeyRect)
```

可见，贪吃蛇也是通过无限循环实现的，依然使用了事件机制获取用户输入，当用户按下任意键时跳出循环，向下执行。

游戏主循环是通过 runGame()函数实现的，其代码如下：

```
def runGame():
# 随机选取“蛇”的起始位置
    startx = random.randint(5, Cell_W - 6)
    starty = random.randint(5, Cell_H - 6)
    wormCoords = [{'x': startx, 'y': starty},
                  {'x': startx - 1, 'y': starty},
                  {'x': startx - 2, 'y': starty}]
# 设置“蛇”的初始运动方向为向右
    direction = RIGHT

# 随机选取一个位置生成“苹果”
    apple = getRandomLocation()

# 主循环
    while True:
        for event in pygame.event.get(): # event handling loop
            if event.type == QUIT:
                terminate()
            elif event.type == KEYDOWN:
                if (event.key == K_LEFT) and direction != RIGHT:
                    direction = LEFT
                elif (event.key == K_RIGHT) and direction != LEFT:
                    direction = RIGHT
                elif (event.key == K_UP) and direction != DOWN:
                    direction = UP
                elif (event.key == K_DOWN) and direction != UP:
                    direction = DOWN
                elif event.key == K_ESCAPE:
                    terminate()

# 检测“蛇”是否撞到自身或窗口边缘
        if wormCoords[HEAD]['x'] == -1 or wormCoords[HEAD]['x'] ==
Cell_W or wormCoords[HEAD]['y'] == -1 or wormCoords[HEAD]['y'] == Cell_H:
            return # game over
        for wormBody in wormCoords[1:]:
```

```
            if wormBody['x'] == wormCoords[HEAD]['x'] and wormBody['y']
== wormCoords[HEAD]['y']:
                return  # game over

    # 检测“蛇”是否吃到“苹果”
        if wormCoords[HEAD]['x'] == apple['x'] and wormCoords[HEAD]['y']
== apple['y']:
            apple = getRandomLocation()
        else:
            del wormCoords[-1]

    # 沿着“蛇”运动的方向增加其长度
        if direction == UP:
            newHead = {'x': wormCoords[HEAD]['x'], 'y': wormCoords
[HEAD]['y'] - 1}
        elif direction == DOWN:
            newHead = {'x': wormCoords[HEAD]['x'], 'y': wormCoords
[HEAD]['y'] + 1}
        elif direction == LEFT:
            newHead = {'x': wormCoords[HEAD]['x'] - 1, 'y': wormCoords
[HEAD]['y']}
        elif direction == RIGHT:
            newHead = {'x': wormCoords[HEAD]['x'] + 1, 'y': wormCoords
[HEAD]['y']}
        wormCoords.insert(0, newHead)

    # 绘制主界面和方格、“蛇”、“苹果”、分数等游戏元素
        DISPLAYSURF.fill(BGCOLOR)
        drawGrid()
        drawWorm(wormCoords)
        drawApple(apple)
        drawScore(len(wormCoords) - 3)
        pygame.display.update()
        SnakespeedCLOCK.tick(Snakespeed)
```

当“蛇”撞到自身或窗口边缘时，游戏结束，此时将执行 showGameOverScreen()函数，其代码如下：

```
    def showGameOverScreen():
        gameOverFont = pygame.font.SysFont(FONTNAME, 100)
        gameSurf = gameOverFont.render('游戏', True, White)
        overSurf = gameOverFont.render('结束', True, White)
        gameRect = gameSurf.get_rect()
        overRect = overSurf.get_rect()
        gameRect.midtop = (Window_Width / 2, 80)
        overRect.midtop = (Window_Width / 2, gameRect.height + 50 + 25)
```

```
    DISPLAYSURF.blit(gameSurf, gameRect)
    DISPLAYSURF.blit(overSurf, overRect)
    drawPressKeyMsg()
    pygame.display.update()
    pygame.time.wait(500)
    checkForKeyPress()  # clear out any key presses in the event queue

    while True:
        if checkForKeyPress():
            pygame.event.get()  # clear event queue
            return
```

至此，小游戏贪吃蛇的主要内容和关键代码介绍完毕，完整程序详见本书随附代码。

附录 A　ASCII 字符集标准表

二进制	字　符	含　义
0000 0000	NUL(null)	空字符
0000 0001	SOH(start of headline)	标题开始
0000 0010	STX (start of text)	正文开始
0000 0011	ETX (end of text)	正文结束
0000 0100	EOT (end of transmission)	传输结束
0000 0101	ENQ (enquiry)	请求
0000 0110	ACK (acknowledge)	收到通知
0000 0111	BEL (bell)	响铃
0000 1000	BS (backspace)	退格
0000 1001	HT (horizontal tab)	水平制表符
0000 1010	LF (NL line feed, new line)	换行键
0000 1011	VT (vertical tab)	垂直制表符
0000 1100	FF (NP form feed, new page)	换页键
0000 1101	CR (carriage return)	回车键
0000 1110	SO (shift out)	不用切换
0000 1111	SI (shift in)	启用切换
0001 0000	DLE (data link escape)	数据链路转义
0001 0001	DC1 (device control 1)	设备控制 1
0001 0010	DC2 (device control 2)	设备控制 2
0001 0011	DC3 (device control 3)	设备控制 3
0001 0100	DC4 (device control 4)	设备控制 4
0001 0101	NAK (negative acknowledge)	拒绝接收
0001 0110	SYN (synchronous idle)	同步空闲
0001 0111	ETB (end of trans. block)	结束传输块
0001 1000	CAN (cancel)	取消
0001 1001	EM (end of medium)	媒介结束
0001 1010	SUB (substitute)	代替
0001 1011	ESC (escape)	换码(溢出)
0001 1100	FS (filator)	文件分隔符

（续表）

二进制	字　符	含　义
0001 1101	GS (group separator)	分组符
0001 1110	RS (record separator)	记录分隔符
0001 1111	US (unit separator)	单元分隔符
0010 0000	(space)	空格
0010 0001	!	叹号
0010 0010	"	双引号
0010 0011	#	井号
0010 0100	$	美元符
0010 0101	%	百分号
0010 0110	&	和号
0010 0111	'	闭单引号
0010 1000	(	开括号
0010 1001	)	闭括号
0010 1010	*	星号
0010 1011	+	加号
0010 1100	,	逗号
0010 1101	-	减号/破折号
0010 1110	.	句号
00101111	/	斜杠
00110000	0	数字 0
00110001	1	数字 1
00110010	2	数字 2
00110011	3	数字 3
00110100	4	数字 4
00110101	5	数字 5
00110110	6	数字 6
00110111	7	数字 7
00111000	8	数字 8
00111001	9	数字 9
00111010	:	冒号
00111011	;	分号
00111100	<	小于号
00111101	=	等号
00111110	>	大于号
00111111	?	问号
01000000	@	电子邮件符号
01000001	A	大写字母 A

（续表）

二进制	字符	含义
01000010	B	大写字母 B
01000011	C	大写字母 C
01000100	D	大写字母 D
01000101	E	大写字母 E
01000110	F	大写字母 F
01000111	G	大写字母 G
01001000	H	大写字母 H
01001001	I	大写字母 I
01001010	J	大写字母 J
01001011	K	大写字母 K
01001100	L	大写字母 L
01001101	M	大写字母 M
01001110	N	大写字母 N
01001111	O	大写字母 O
01010000	P	大写字母 P
01010001	Q	大写字母 Q
01010010	R	大写字母 R
01010011	S	大写字母 S
01010100	T	大写字母 T
01010101	U	大写字母 U
01010110	V	大写字母 V
01010111	W	大写字母 W
01011000	X	大写字母 X
01011001	Y	大写字母 Y
01011010	Z	大写字母 Z
01011011	[	开中括号
01011100	\	反斜杠
01011101	]	闭中括号
01011110	^	脱字符
01011111	_	下画线
01100000	`	开单引号
01100001	a	小写字母 a
01100010	b	小写字母 b
01100011	c	小写字母 c
01100100	d	小写字母 d
01100101	e	小写字母 e
01100110	f	小写字母 f

（续表）

二 进 制	字　　符	含　　义
01100111	g	小写字母 g
01101000	h	小写字母 h
01101001	i	小写字母 i
01101010	j	小写字母 j
01101011	k	小写字母 k
01101100	l	小写字母 l
01101101	m	小写字母 m
01101110	n	小写字母 n
01101111	o	小写字母 o
01110000	p	小写字母 p
01110001	q	小写字母 q
01110010	r	小写字母 r
01110011	s	小写字母 s
01110100	t	小写字母 t
01110101	u	小写字母 u
01110110	v	小写字母 v
01110111	w	小写字母 w
01111000	x	小写字母 x
01111001	y	小写字母 y
01111010	z	小写字母 z
01111011	{	开大括号
01111100	|	垂线
01111101	}	闭大括号
01111110	~	波浪号
01111111	DEL (delete)	删除

附录B　常用文件操作函数

Python 常用文件操作函数分为两类，一类是使用 open()函数创建的 file 对象，另一类是使用 os 模块提供的方法处理文件和目录。

使用 open()函数创建的 file 对象

函　数	描　述
file.close()	关闭当前文件，关闭后不能再对该文件进行读写操作
file.flush()	刷新文件内部缓冲，立刻把内部缓冲区的数据写入当前文件
file.fileno()	返回当前文件的一个整型的文件描述符（File Descriptor）
file.isatty()	如果当前文件连接到一个终端设备返回 True，否则返回 False
file.next()	返回当前文件的下一行
file.read([size])	从当前文件读取指定的字节数，如果未指定参数或参数为负则读取整个文件
file.readline([size])	读取整行，包括换行符
file.readlines([sizeint])	读取文件的所有行并返回列表，若参数 sizeint>0，返回总和大约为 sizeint 字节的行
file.seek(offset[, whence])	设置文件操作的当前位置
file.tell()	返回文件操作的当前位置
file.truncate([size])	从文件的首行首字符开始截断，截断文件为 size 个字符，无参数值表示从当前位置截断，截断位置之后的所有字符将被删除
file.write(str)	将字符串写入文件，返回写入的字符长度
file.writelines(sequence)	向文件写入一个序列字符串列表，其中的换行符将起到在文件中换行的作用

使用 os 模块提供的方法：

方　法	描　述
os.access(path, mode)	检验权限模式
os.chdir(path)	改变当前工作目录
os.chflags(path, flags)	设置路径的标记为数字标记
os.chmod(path, mode)	更改权限
os.chown(path, uid, gid)	更改文件所有者
os.chroot(path)	改变当前进程的根目录
os.close(fd)	关闭文件描述符 fd

（续表）

方　法	描　述
os.closerange(fd_low, fd_high)	关闭从 fd_low（包含）到 fd_high（不包含）的文件描述符，错误会忽略
os.dup(fd)	复制文件描述符 fd
os.dup2(fd, fd2)	将一个文件描述符 fd 复制到另一个 fd2
os.fchdir(fd)	通过文件描述符改变当前工作目录
os.fchmod(fd, mode)	改变一个文件的访问权限，该文件由参数 fd 指定，参数 mode 是 UNIX 系统下的文件访问权限
os.fchown(fd, uid, gid)	修改一个文件的所有权，这个函数修改一个文件的用户 ID 和用户组 ID，该文件由文件描述符 fd 指定
os.fdatasync(fd)	强制将文件写入磁盘，该文件由文件描述符 fd 指定，但是不强制更新文件的状态信息
os.fdopen(fd[, mode[, bufsize]])	通过文件描述符 fd 创建一个文件对象，并返回这个文件对象
os.fpathconf(fd, name)	返回一个打开的文件的系统配置信息
os.fstat(fd)	返回文件描述符 fd 的状态
os.fstatvfs(fd)	返回包含文件描述符 fd 的文件的文件系统的信息
os.fsync(fd)	强制将文件描述符为 fd 的文件写入硬盘
os.ftruncate(fd, length)	裁剪文件描述符 fd 对应的文件，所以它最大不能超过文件大小
os.getcwd()	返回当前工作目录
os.getcwdu()	返回一个当前工作目录的 Unicode 对象
os.isatty(fd)	如果文件描述符 fd 是打开的，同时与终端设备相连，则返回 True，否则 False
os.lchflags(path, flags)	设置路径的标记为数字标记，类似 chflags()，但是没有软链接
os.lchmod(path, mode)	修改连接文件权限
os.lchown(path, uid, gid)	更改文件所有者，与 chown()类似，但是没有文件连接
os.link(src, dst)	创建名为 dst，指向 src 的硬链接
os.listdir(path)	返回 path 指定的文件夹包含的文件或文件夹的名字的列表
os.lseek(fd, pos, how)	设置文件描述符 fd 当前位置为 pos 和以 how 方式修改：how 取值 os.SEEK_SET 或者 0 表示从文件开始计算 pos；取值 os.SEEK_CUR 或者 1 则从当前位置计算；取值 os.SEEK_END 或者 2 则从文件尾部开始
os.lstat(path)	获取 path 指定的路径的信息，但是没有文件连接
os.major(device)	从原始的设备号中提取设备 major 号码（使用 stat 中的 st_dev 或者 st_rdev field）
os.makedev(major, minor)	以 major 和 minor 设备号组成一个原始设备号
os.makedirs(path[, mode])	递归地创建文件夹
os.minor(device)	从原始的设备号中提取设备 minor 号码（使用 stat 中的 st_dev 或者 st_rdev field）
os.mkdir(path[, mode])	以 mode 指明的模式创建一个名为 path 的文件夹，mode 默认值是八进制的 0777

（续表）

方　法	描　述
os.mkfifo(path[, mode])	以 mode 指明的模式创建一个名为 path 的命名管道，mode 默认值是八进制的 0666
os.mknod(filename[, mode=0600, device])	创建一个名为 filename 的文件系统节点
os.open(file, flags[, mode])	打开一个文件，并且设置需要的打开选项
os.openpty()	打开一个新的伪终端对，返回 pty 和 tty 的文件描述符
os.pathconf(path, name)	返回相关文件的系统配置信息
os.pipe()	创建一个管道，返回一对文件描述符
os.popen(command[, mode[, bufsize]])	从一个 command 打开一个管道
os.read(fd, n)	从文件描述符 fd 中读取最多 n 个字节，返回包含读取字节的字符串，文件描述符 fd 对应文件已达到结尾，返回一个空字符串
os.readlink(path)	返回软链接所指向的文件
os.remove(path)	删除路径为 path 的文件
os.removedirs(path)	递归删除目录
os.rename(src, dst)	从 src 到 dst 重命名文件或目录
os.renames(old, new)	递归地对目录进行更名，亦可对文件进行更名
os.rmdir(path)	删除 path 指定的空目录，如果目录非空，则抛出一个 OSError 异常
os.stat(path)	获取 path 指定的路径的信息
os.stat_float_times([newvalue])	决定 stat_result 是否以 float 对象显示时间戳
os.statvfs(path)	获取指定路径的文件系统统计信息
os.symlink(src, dst)	创建一个软链接
os.tcgetpgrp(fd)	返回与终端 fd（一个由 os.open()返回的打开的文件描述符）关联的进程组
os.tcsetpgrp(fd, pg)	设置与终端 fd（一个由 os.open()返回的打开的文件描述符）关联的进程组为 pg
os.ttyname(fd)	返回一个字符串，它表示与文件描述符 fd 关联的终端设备，如果 fd 没有与终端设备关联，则引发一个异常
os.unlink(path)	删除文件路径
os.utime(path, times)	返回指定的 path 文件的访问和修改的时间
os.walk(top[, topdown=True[, onerror=None[, followlinks=False]]])	通过在目录树中游走，输出在文件夹中的文件名
os.write(fd, str)	写入字符串到文件描述符 fd 中，返回实际写入的字符串长度
os.path 模块	获取文件的属性信息